LA

RÉCAPITULATION ET L'INNOVATION

EN

EMBRYOLOGIE VÉGÉTALE

PAR

Jean MASSART

assistant à l'Institut botanique (Université de Bruxelles)

I. — **Ontogénie de la plantule**
II. — **Organogénie de la feuille**

GAND

IMPRIMERIE C. ANNOOT-BRAECKMAN, Succr AD. HOSTE

—

1894

LA

RÉCAPITULATION ET L'INNOVATION

EN

EMBRYOLOGIE VÉGÉTALE

PAR

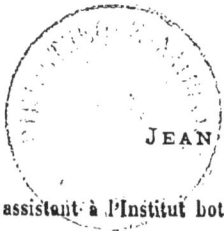

JEAN MASSART

assistant à l'Institut botanique (Université de Bruxelles)

I. — **Ontogénie de la plantule**
II. — **Organogénie de la feuille**

GAND

IMPRIMERIE C. ANNOOT-BRAECKMAN, Succr AD. HOSTE

—

1894

Extrait du *Bulletin de la Société royale de botanique de Belgique*, tome XXXIII (1894), première partie.

LA RÉCAPITULATION ET L'INNOVATION

EN

EMBRYOLOGIE VÉGÉTALE.

Le développement de l'individu présente en abrégé les diverses phases qu'a parcourues l'espèce dans le cours de son évolution : l'ontogénie résume la phylogénie. Voilà comment les auteurs énoncent d'ordinaire le principe de la récapitulation. Formulée en premier lieu par M. Fritz Müller dans son fameux « Für Darwin », cette règle fut développée surtout par M. Haeckel dans plusieurs de ses ouvrages.

C'est chez les animaux qu'on rencontre en grand nombre les faits sur lesquels est basé le principe. Les Métazoaires passent par une phase gastrula et l'on admet généralement que tous dérivent d'un ancêtre lointain, qui ne dépassait pas cette forme. Le cœur de l'homme présente successivement les caractères d'un cœur de Poisson et d'un cœur de Reptile ; ici encore, on admet que les Mammifères proviennent de types analogues aux Poissons qui donnèrent des descendants reptiliens.

Disons tout de suite qu'aucun animal ne passe par toutes les formes qu'ont successivement revêtues ses ancêtres. D'une part, la sélection naturelle tend sans cesse à éliminer les phases inutiles; d'autre part, pendant le cours du développement individuel, l'organisme a besoin de se créer des organes dont ses ancêtres étaient totalement dépourvus; enfin il n'est pas rare de constater des transpositions chronologiques : quoique les ancêtres éloignés de l'homme aient eu des dents, celles-ci apparaissent seulement lorsque les phases ancestrales sont depuis longtemps dépassées.

En embryologie végétale, les faits de récapitulation sont beaucoup plus rares, et les botanistes se sont à peine occupés de vérifier si le principe est applicable au développement des végétaux; ce qui tient en grande partie à ce que l'embryologie végétale ne forme pas un ensemble nettement défini comme l'embryologie animale. Ici, l'on n'a qu'à suivre l'œuf depuis ses premières segmentations jusqu'au moment où il a produit un individu sexué : en effet, l'animal cesse de croître dès qu'il a atteint l'âge adulte. La plante, au contraire, croît d'une manière indéfinie : chaque année, un chêne forme de nouvelles racines, de nouveaux bourgeons, de nouvelles fleurs; aussi le botaniste doit-il s'occuper d'abord de l'évolution de l'œuf en une jeune plante, puis sur celle-ci, pendant toute la durée de son existence, du développement de ses divers organes. Chez l'animal, un appareil reste en activité jusqu'à la mort; chez la plante les organes vieillissent vite[1]

_____

(1) L'animal élimine au dehors les résidus de sa nutrition; la plante ne peut excréter ses déchets que sous forme de vapeurs ou de gaz (eau, anhydride carbonique); les matières solides restent dans les tissus et les

et sont remplacés par d'autres : elle porte successivement un grand nombre d'organes « homodynames » (entre-nœuds, feuilles, racines, fleurs, etc.), ayant même valeur morphologique. Mais, sur un même individu, ces parties sont souvent fort dissemblables. (Voir, par exemple, *Sagittaria*, fig. 1,[1] *Lathyrus Aphaca*, fig. 37, *Sicyos angulatus*, IV, 64 à 67, et *Phyllocactus crenatus*, IV, 68 à 73). Nous aurons donc, pour chaque espèce végétale, à étudier la formation de la plantule et la succession des rameaux, des feuilles, etc., que présente un même individu (*ontogénie*), et, en second lieu, à examiner comment se forme chaque organe en particulier (*organogénie*).

Nous nous proposons de faire, sous le titre général de « la récapitulation et l'innovation en embryologie végétale, » une série d'études sur l'ontogénie et l'organogénie des plantes. Les matériaux pour les deux premiers sujets — développement de la plantule et formation de la feuille — nous ont été fournis principalement par le Jardin botanique de l'État, à Bruxelles. Nous sommes heureux de pouvoir remercier ici MM. Crépin, Marchal et Lubbers.

.*.

Dans la première partie de ce travail, nous nous occuperons des organes successifs que présente un individu végétal et nous chercherons à établir, pour chaque organe,

---

encrassent. Aussi les végétaux perdent-ils périodiquement les portions vieillies (feuilles, écorce, etc.); quant aux tissus dont la plante ne peut se débarasser, ils ne fonctionnent activement que dans leurs parties jeunes.

(1) Les figures dans le texte sont indiquées par « fig. » suivi du numéro; les figures des planches sont indiquées par le numéro de la planche (en chiffres romains), suivi du numéro de la figure.

ce qu'il possède en fait de legs ancestraux. Ceux-ci, on s'en assurera bientôt, sont rares : les plantes varient avec une telle facilité que les caractères ancestraux sont bientôt effacés pour faire place à des caractères adaptatifs récemment acquis.

Nous limitons notre étude aux stades jeunes du végétal. Après avoir brièvement indiqué comment se fait le développement de l'œuf en embryon, nous nous occuperons de la plantule issue de l'embryon lors de la germination. La radicule et la tigelle offrent peu d'intérêt, mais nous étudierons d'une manière plus approfondie les premières feuilles : cotylédons et feuilles primaires. Nous aurons à comparer celles-ci aux feuilles définitives de la plante, et, chemin faisant, nous rencontrerons quelques exemples typiques de récapitulation. Enfin, nous essaierons de dégager quelques conclusions, quant aux causes de la rareté de la récapitulation dans l'ontogénie des végétaux.

I. — ONTOGÉNIE DE LA PLANTULE.

Pendant le développement de l'œuf en embryon, le jeune organisme se nourrit aux dépens de la plante mère et son évolution est presque directe[1]; le plus souvent, il porte pourtant un organe transitoire, le suspenseur, qui par son allongement plonge l'embryon dans une masse nutritive, l'albumen. Parfois l'embryon présente d'autres organes transitoires. Chez le *Bruguiera eriopetala*, M. Haberlandt (10)[2] a constaté sur les cotylédons la présence de cellules destinées à puiser dans les tissus environnants la nourriture nécessaire à l'accroissement du volumineux embryon. Il est hors de doute que ce dispositif est une acquisition faite par ces plantes depuis qu'elles habitent les plages tour à tour inondées et délaissées par la marée ; l'embryon doit être très gros au moment de sa mise en liberté, et la spécialisation de certaines de ses cellules a pour objet de favoriser sa croissance. — Dans certaines graines d'Orchidées, d'après M. Treub (21), l'albumen fait défaut et l'embryon se nourrit par son suspenseur : celui-ci s'étend hors de l'ovule et va se mettre en rapport avec les tissus environnants.

Ces faits n'ont, à notre sens, aucune valeur phylogénique ; il n'en est plus de même des cas ou l'embryon possède les rudiments d'une radicule qui ne s'accroît jamais.

---

(1) On observe aussi chez les animaux que les espèces dont le développement se fait au sein de l'organisme maternel évoluent plus directement que celles qui mènent une vie libre.

(2) Les indications bibliographiques (indiquées en chiffres gras) relatives à la plantule sont réunies à la fin de cette partie du travail.

C'est ce qui a lieu, d'après M. Trécul (20) chez le
Nelumbium codophyllum. Cette radicule rudimentaire est
sans doute un organe ancestral qui n'a plus aucune
fonction chez l'espèce en question et qui ne se maintient
que par hérédité. Chez d'autres plantes aquatiques, les
Utricularia, d'après M. Goebel (8), toute trace de
radicule a disparu. S'il se produisait des graines de
Nelumbium totalement dépourvues de radicule, elles
auraient un avantage dans la lutte pour l'existence,
puisqu'elles n'auraient plus à former d'organe inutile, et la
disparition de la radicule serait bientôt accomplie.

Ainsi qu'on le voit, le développement de l'œuf en
embryon est direct, à part quelques rares exceptions.
La condensation de l'évolution est en rapport avec le
mode de formation de l'embryon. Comme l'a dit M. Sachs,
les Phanérogames sont des organismes vivipares.

***

Dès le moment de la germination, la plantule vit par
elle-même, et elle est obligée de subvenir en grande
partie à ses besoins; mais la graine emporte toujours avec
elle une masse plus ou moins considérable de réserves aux
dépens desquelles la germination débute. On comprend
fort bien que les besoins de la plantule vivant partiellement
aux frais de sa mère, ne soient pas les mêmes que ceux
de l'adulte; aussi constaterons-nous, dans des cas nombreux, qu'elle diffère notablement de l'individu sexué.
Divers auteurs, particulièrement M. Haberlandt (9) et
M. Klebs (15), ont montré comment l'embryon absorbe
le contenu de la graine, comment il quitte l'enveloppe,
comment il perce la couche de terre pour arriver à la
lumière, comment il déploie ses cotylédons, etc. Nous

croyons inutile d'insister ici sur ces adaptations, puisque, dans le cours de cette étude, nous aurons à divérses reprises l'occasion de nous en occuper.

Il est remarquable que très souvent chaque bourgeon parcourt les diverses phases par lesquelles passe la plantule. Le bourgeon hivernant de *Sagittaria sagittifolia* (fig. 1) donne au printemps des feuilles rubanées, immergées, puis des feuilles flottantes, enfin des feuilles sagittées. La plantule avait présenté exactement la même succession des feuilles. De même encore, on trouve à la base de chaque rameau de *Vicia Faba* quelques feuilles très réduites en tout semblables à celles qui se forment lors de la germination. Dans la plupart des cas, nous pourrons montrer l'avantage que la plantule retire de la présence des feuilles primaires. Les conditions dans lesquelles se trouve le bourgeon pendant les premiers temps de sa croissance, ne sont pas sans analogie avec celles de la plantule : le jeune bourgeon utilise les réserves accu-

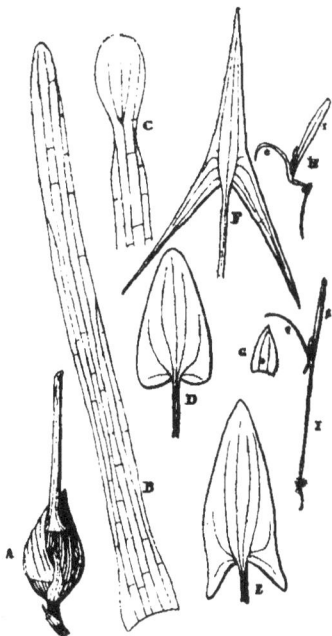

Fig. 1. — *Sagittaria sagittifolia.* — A. Bourgeon hivernant avec des feuilles membraneuses qui entourent la portion renflée et des feuilles enroulées qui protègent le bourgeon (1/2). — B. Feuille immergée (1/5). — C. Feuille immergée portant supérieurement un élargissement (limbe) (1/5). — D. Feuille flottante avec des stomates à la face supérieure seulement (1/5). — E. Feuille flottante avec des stomates sur les deux faces (1/5). — F. Feuille aérienne (1/5) — G. Feuille protectrice des bourgeons floraux (1/2). — H. Plantule provenant d'une graine semée dans l'eau au-dessus de la vase (1/2). — I. Plantule provenant d'une graine semée dans l'eau sous une couche de vase (1/2). — Dans les figures H et I, C = cotylédon, 1 = 1re feuille.

mulées dans lui et autour de lui, absolument comme
l'embryon absorbe les réserves de la graine; les semences
de *Sagittaria*, de *Nymphaea* et d'autres plantes aquatiques
à feuilles émergées ou flottantes germent au fond de
l'eau, tout comme les bourgeons hivernants ou comme les
rhizomes au printemps.

* *

RADICULE. Il y aurait à étudier, sur les plantules, la succession des racines, des entrenœuds de la tige et des
feuilles. Pour ce qui est des racines, elles paraissent offrir
peu d'intérêt. On sait que souvent la radicule est transitoire et est bientôt remplacée par des racines nées aux
nœuds de la tige; et que diverses Nymphéacées (*Euryale,
Victoria, Nelumbium*) manquent totalement de radicule.

* *

TIGELLE. Dans la grande majorité des cas, la tige a une
structure normale et le premier entrenœud possède déjà la
structure définitive. Il ne manque pourtant pas d'espèces
dont la tige est anormale, soit parce qu'elle contient des
faisceaux surnuméraires, comme certains *Begonia, Gun-
nera, Piper, Artanthe*, diverses Nymphéacées, etc., soit
parce que les faisceaux, au lieu d'être disposés en un seul
cercle, forment deux cercles concentriques (Cucurbitacées),
soit, enfin, par réduction du nombre des faisceaux, comme
chez beaucoup de plantes aquatiques à tige flottante.

M. Trécul a étudié les plantules de quelques Nymphéacées. Chez le *Nuphar luteum* (19) et le *Victoria regia* (20),
le premier entrenœud (entre les cotylédons et la feuille
aciculaire) ne contient qu'un seul faisceau à structure
rayonnante. Divers *Nymphaea* (*N. alba, dentata, scutifolia*
et *stellata*) présentent la même disposition. Chez le *Nelum-*

bium codophyllum (20) les choses sont tout autres: le premier entrenœud contient un cercle central de faisceaux, auquel s'ajoutent, dans le cours du développement, des cercles périphériques. La tige adulte a une structure analogue.

L'étude du développement montre que la tige des Cucurbitacées renferme en réalité non pas deux cercles, mais un seul cercle de faisceaux qui sont alternativement déplacés vers le centre et vers la périphérie. Le premier entrenœud de *Sicyos angulatus* est souvent très court, mais dans les cas où il est possible d'y faire des coupes transversales, on constate que les dix faisceaux sont rangés en un seul cercle. Dans le 2e entrenœud (IV, 64), le cercle n'est plus tout à fait régulier. A mesure que la plante avance en âge, ses entrenœuds présentent une disposition des faisceaux qui se rapproche de plus en plus de celle de la tige adulte (IV, 65 à 67); en même temps, les appareils mécaniques accessoires, collenchyme, tissu fibreux, se développent davantage.

Dans la tige d'*Ecballium agreste*, l'une des rares Cucurbitacées non grimpantes, les faisceaux sont rangés en un cercle unique; la même disposition existe dès les premiers entrenœuds.

Chez l'*Hippuris* et le *Ranunculus aquatilis*, qui ont un système vasculaire très réduit, les premiers entrenœuds offrent déjà la même disposition que ceux de la plante adulte.

*
* *

COTYLÉDONS. Les cotylédons doivent être considérés phylogéniquement comme des feuilles qui ont été chargées de fonctions spéciales, souvent différentes de celles des feuilles assimilatrices ordinaires, et qui, se formant dans la graine, ont dû par cela même subir certaines modifications. La place restreinte que ces organes occupent dans la graine, fait qu'ils ne présentent pas d'ordinaire de lobes ou de dents et que leur surface est lisse et peu étendue. Le plus souvent, les cotylédons sont au même titre que les feuilles des organes d'assimilation; mais ils remplissent en outre le rôle de réservoirs. Lorsque la dernière fonction devient prépondérante, il n'est pas rare que les cotylédons cessent complètement d'assimiler. On conçoit facilement comment des cotylédons foliacés, les végétaux passent aux cotylédons réservoirs. Les cotylédons les plus voisins du type primitif sont probablement ceux qui s'accroissent beaucoup lors de la germination, verdissent et deviennent semblables aux feuilles primaires. Dans d'autres espèces, l'accroissement des cotylédons est plus limité; ils gardent sensiblement la forme qu'ils avaient dans la graine, et quoiqu'ils verdissent, leur fonction principale consiste à accumuler des réserves. Au stade plus avancé de spécialisation, ils ne s'accroissent plus guère et verdissent à peine; mais l'allongement de l'hypocotyle les amène encore au-dessus du sol. Un pas de plus et l'hypocotyle reste court, maintenant ainsi les cotylédons sous terre; très rarement, les cotylédons quittent néanmoins la graine; dans la majorité des cas, les cotylédons hypogés restent enfermés dans l'enveloppe de la graine. Enfin, le terme extrême de la spécialisation est représenté par l'absence complète de cotylédons. Voyons quelques exemples de ces divers cas.

1. *Les cotylédons s'accroissent beaucoup lors de la germination et verdissent.*

C'est le cas de beaucoup d'espèces à petites graines dont les plantules ont les cotylédons relativement grands. Très souvent, les cotylédons prennent alors la forme et la

structure des feuilles primaires.Sir John Lubbock(16),dans
son étude si complète sur les plantules, figure beaucoup
d'espèces qui présentent cette disposition : *Rivina, Embelia,
Clerodendron*, etc. Il est à remarquer que les cotylédons
ressemblent, non aux feuilles de la plante adulte, mais aux

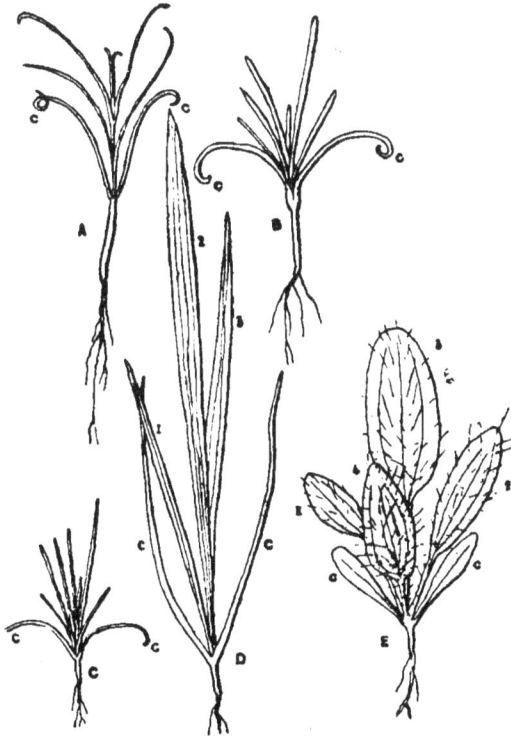

Fig. 2. — A. *Plantago Psyllium.* — B. *P. maritima.* — C. *P.
Coronopus.* — D. *P. lanceolata.* — E. *P. media.* — C = cotylédons; 1 2, 3.... = feuilles successives de la plantule. (1/1).

feuilles primaires. Chez les *Plantago* (fig. 2), cette distinction est très manifeste. Les *P. Coronopus* et *lanceolata* qui
ont des feuilles primaires linéaires, ont des cotylédons de
même forme. Les *P. media* et *major* qui ont des feuilles
primaires élargies, ont aussi les cotylédons relativement

larges. Il en est de même chez l'*Hippuris* (fig. 3), chez le *Sagittaria* (fig. 1), et jusqu'à un certain point chez l'*Erodium* (fig. 4).

L'inégalité des cotylédons et leur disposition à des niveaux différents chez les espèces à feuilles alternes, est moins rare qu'on ne le suppose généralement. Sir John Lubbock en cite plusieurs exemples. Chez l'*Hibiscus vesicarius* (fig. 5), l'alternance des cotylédons est la règle ; le supérieur est plus grand et sa forme se rapproche davantage de celle des premières feuilles.

Les plantes à feuilles charnues ont pour la plupart des cotylédons épais et gorgés d'eau. Ceci est vrai, non seulement pour les plantes charnues des lieux secs, telles que *Mesembrianthemum* (fig. 6), *Sempervivum*, etc., mais encore pour celles qui habitent le littoral : *Salicornia* (fig. 7) *Suaeda, Salsola, Cakile, Lotus corniculatus crassifolius, Honckeneya peploides, Convolvulus Soldanella* (fig. 8), etc. Il en est de même pour celles des Monocotylédones qui ont un bulbe formé par le renflement de la base des feuilles. La graine d'*Amaryllis longifolia* (fig. 9), par exemple,

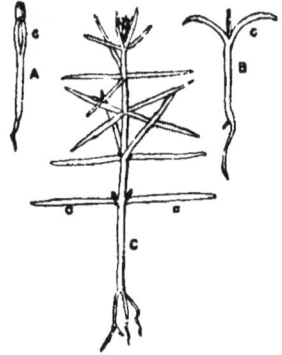

Fig. 3.— *Hippuris vulgaris.* A. Plantule très jeune, dont les cotylédons ne se sont pas encore dégagés de l'enveloppe de la graine. — B. et C. Stades plus avancés. c = cotylédons. (2/1).

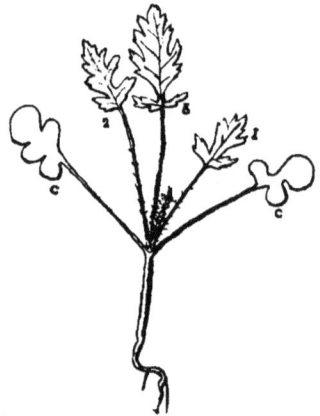

Fig. 4. — *Erodium cicutarium.* — c = cotylédons; 1, 2, 3 = Feuilles successives. (1/1).

est très grosse et gorgée d'eau ; elle germe au bout d'un ou deux jours et le cotylédon pénètre en terre; tout le liquide contenu dans l'albumen s'accumule dans la base du cotylédon où il est mieux abrité contre l'évaporation.

Les Conifères et les Gnétacées ont, pour la plupart, des

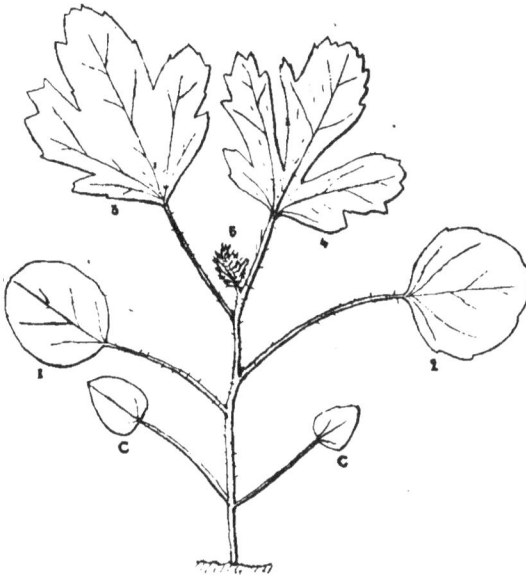

Fig. 5. — *Hibiscus vesicarius.* — c = cotylédons (inégaux); 1, 2, 3.... = feuilles successives. (1/1).

Fig. 6. — *Mesembrianthemum tricolor.* (1/1).

cotylédons qui s'allongent beaucoup lors de la germination. Les cotylédons sont en nombre considérable, mais peu constant, chez les *Pinus* et les *Cedrus*; leur nombre se réduit et devient constant pour chaque espèce dans d'autres tribus. Le *Cryptomeria japonica* (fig. 10) a trois cotylédons; les *Taxus*, les *Callitris*, les *Thuya*, les *Cupressus* ont deux cotylédons. Il y a aussi deux cotylédons chez les *Ephedra* (fig. 11).

Beaucoup d'Onagrariées (*Oenothera, Clarkia*) présentent

un phénomène tout particulier, sur lequel Sir John
Lubbock (**16**) a attiré l'attention.

Pendant la germination, la partie proximale (voisine
de la base) du limbe cotylédonaire s'accroît presque seule,
de sorte que le cotylédon complètement développé se com-

Fig. 7. — *Salicornia her-*   Fig. 8. — *Convolvulus Soldanella.* (1/1).
bacea. (1/1).

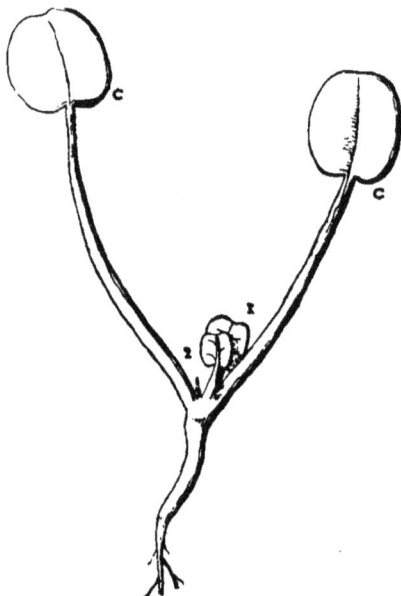

pose d'une portion distale (voisine du sommet) qui a
gardé l'aspect qu'elle avait dans la graine, et d'une portion
proximale, nouvelle, qui a la même structure et la même
forme que les feuilles primaires.

2. *Les cotylédons conservent sensiblement la forme
qu'ils avaient dans la graine ; leur croissance est moins
notable que dans le cas précédent ; ils sont plus épais et ont
plus d'importance comme réservoirs que comme organes
d'assimilation.*

Beaucoup de plantes à graines volumineuses sont dans

cc cas: Papilionacées (*Astragalus*, fig. 27), *Fagus* (fig. 12), *Casuarina* (fig. 13), etc. Irmisch (12) a observé que les cotylédons épais et ordinairement épigés de *Clematis recta* et de *C. corymbosa* restent parfois sous terre.

3. *Les cotylédons ne s'accroissent guère; ils sont épigés mais deviennent à peine verts; ils se flétrissent bientôt et tombent.*

C'est ce qui se présente pour *Dolichos Myodes* (fig. 14), *Phaseolus vul-*

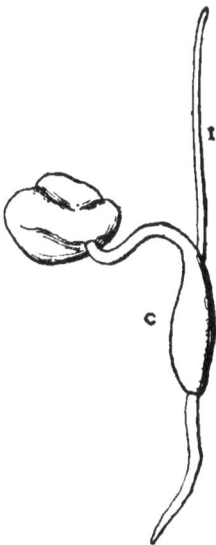

Fig. 9. — *Amaryllis longifolia.* (1/1).

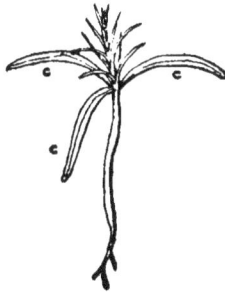

Fig. 10. — *Cryptomeria japonica.* (1/1).

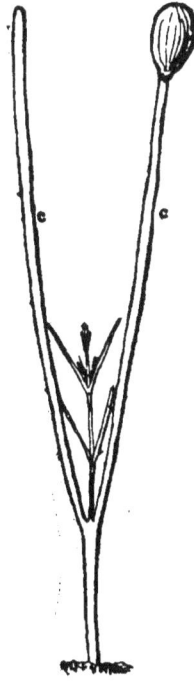

Fig. 11. — *Ephedra altissima.* L'enveloppe de la graine est restée attachée sur l'un des cotylédons. (1/1).

garis, et diverses autres Papilionacées. Sir John Lubbock (16) cite encore *Trichosanthes palmata*, *Polygala rarifolia*, etc.

Chez les *Ardisia crenulata* et *A. japonica* (16) et chez l'*Anona muricata* (fig. 14bis) les cotylédons tout en étant épigés ne quittent pas la graine. D'autres *Anona* (16) ont des graines qui restent en terre, mais l'hypocotyle s'allonge considérablement; l'*Anona muricata* n'en diffère donc que très peu.

4. *Les cotylédons sont hypogés, mais ils sortent de la graine.*

Ce cas est réalisé, d'après Sir John Lubbock (**16**), chez le *Trichosanthes cucumeria*, chez l'*Edwarsia chilensis*,

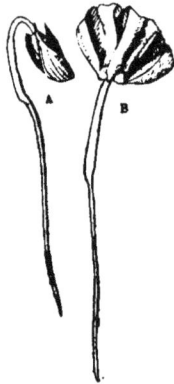

Fig. 12. — *Fagus sylvatica.* — A. Le sommet de l'embryon ne s'est pas encore dégagé de l'enveloppe de la graine. — B. Plantule plus avancée, au moment du déplissement des cotylédons. (1/2).

Fig. 13. — *Casuarina stricta.* — Début de la germination. — B. Partie supérieure d'une plantule plus avancée. (1/1).

accidentellement aussi chez le *Tropaeolum majus* (fig. 49).

5. *Les cotylédons hypogés restent sous terre et souvent ils ont perdu complètement la faculté de verdir.*

C'est ce qu'on trouve chez les *Citrus* (fig. 34), chez beaucoup de Nymphéacées (*Nymphaea*, fig. 44 et 46, *Nelumbium*, fig. 45), chez les Viciées (*Lathyrus*, fig. 37 et 39, *Vicia*, fig. 36) et beaucoup d'autres Papilionacées, chez le *Smilax asparagoides* (fig. 33), chez les *Cycas*, les *Araucaria*, le *Gingko*, etc.

La transformation de cotylédons épigés en cotylédons hypogés n'est possible que pour des graines riches en matières de réserve. On comprend que dans ces conditions il importe assez peu à la plante d'amener au jour des organes à peu près incapables d'assimiler. Lorsque les graines sont exposées à être ensevelies avant la germination sous une couche épaisse de vase, de terre ou de feuilles mortes, il sera avantageux pour l'espèce de laisser les cotylédons dans la graine et de n'amener à la lumière que la jeune tige.

Il est à remarquer que plusieurs plantes à cotylédons hypogés sont voisines d'espèces à cotylédons très spécialisés : les *Pterocarya* ont des cotylédons profondément découpés; ceux du *Juglans regia* ont conservé les découpures, mais ils ne

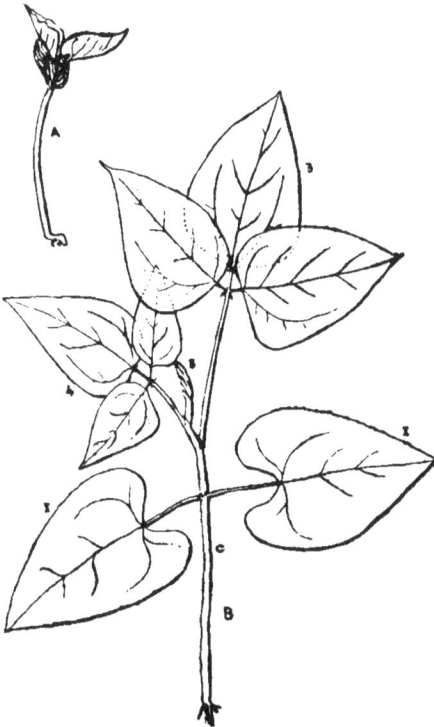

Fig. 14. — *Dolichos Myodes.* — A. Plantule jeune avec les cotylédons déjà ratatinés. — B. Plantule plus avancée; les deux premières feuilles sont opposées: leur foliole unique est dépourvue de stipelles. *c* = le point d'attache des cotylédons. — (1/1).

quittent pas la graine lors de la germination, ce qui pourrait bien tenir à ce que la plantule avait trop de peine à extraire de la graine ses gros cotylédons segmentés.

Beaucoup de Monocotylédones ont un cotylédon à fonctions très complexes. La pointe reste engagée dans l'endosperme, où elle fonctionne comme suçoir. Le cotylédon s'allonge notablement, mais sans verdir. C'est ce qui est réalisé chez l'*Iris setosa* (fig. 15), chez l'*Amaryllis longifolia* (1) (fig. 9), etc. Le cotylédon des Graminées verdit en partie.

6. *Les cotylédons manquent complètement ; l'hypocotyle est charnu, et c'est en lui que s'accumulent les matières destinées à nourrir l'embryon pendant la germination.* Nous ne connaissons dans cette catégorie que le *Bertholletia excelsa* et un *Lecythis* figurés par Sir John Lubbock (16).

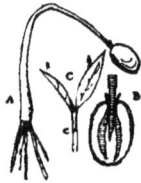

Chez ces plantes, l'absence de cotylédons tient probablement à ce qu'elles dérivent d'espèces à germination hypogée. Les cotylédons n'ayant plus aucune fonction foliaire, c'est l'hypocotyle qui s'est chargé du rôle de réservoir.

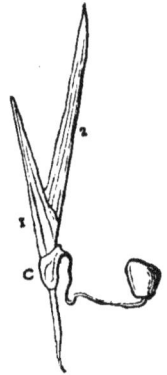

Fig. 14bis. — *Anona muricata* (d'après des plantules issues de graines que M. Laurent a rapportées du Congo). — A. Plantule jeune encore coiffée de l'enveloppe de la graine (1/4). — B. Extrémité de cette plantule en coupe pour montrer les cotylédons et le bourgeon terminal de la plantule (1/2). — C. Extrémité de la plantule après la chute des cotylédons. (1/4).

Fig. 15. — *Iris setosa*. — Le cotylédon est engagé dans la graine par son extrémité distale. (1/1).

Les *Cuscuta* sont également privés de cotylédons ; la plantule est réduite à une tigelle avec une radicule très peu développée. Mais de même que chez les *Orobanche*, étudiés par Caspary (3), l'absence de cotylédons doit être mise sur le compte du parasitisme.

En résumé, on voit que les cotylédons sont assez variables suivant les espèces : un même genre renferme

_____

(1) Si nous avons décrit et figuré plus haut l'*Amaryllis longifolia*, c'est uniquement pour mettre ensemble toutes les plantes charnues.

des cotylédons étroits et des cotylédons élargis (*Plantago*, fig. 2). Sans parler des *Phaseolus* où la différence est peu marquée[1], il n'est pas très rare que dans un même genre, il y ait des espèces à cotylédons nettement épigés et d'autres à cotylédons hypogés.

Le *Rhamnus Frangula* a des cotylédons épigés; le *R. cathartica* les a hypogés. D'après M. Winkler (**23**), le *Mercurialis perennis* a des cotylédons hypogés, tandis que ceux du *M. annua* sont épigés. Mais l'exemple le plus curieux est fourni par le genre *Anemone*, réétudié dans ces derniers temps par M. de Jancz- zewski (**14**) et par M. Hildebrand (**11**). A côté de certaines espèces qui ont des cotylédons épigés, longuement ou brième- ment pétiolés, il en est d'autres dont les graines mûres n'ont pas encore la moindre trace de cotylédons : ceux-ci se forment lors de la germination et tantôt ils restent petits et hypogés, tantôt ils acquièrent un long pétiole et deviennent épigés.

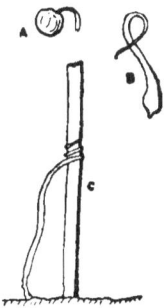

Fig. 16. — *Cuscuta Epilinum*. — A. Début de la ger- mination ; l'em- bryon n'a pas en- core entièrement quitté la graine. — B. Plantule exécu- tant déjà des cir- cumnutations; elle possède inférieure- ment une radicule rudimentaire. — C. Plantule plus âgée, attachée à une tige de *Linum*. La radi- cule et la partie inférieure du *Cus- cuta* sont flétries. (1/1).

Dans un autre genre de Renonculacées, *Delphinium*, les cotylédons sont aussi très variables. La plupart des espèces, *D. Sta- physagria*, par exemple (fig. 17), ont les cotylédons développés à la façon ordi- naire. Le *D. nudicaule* (fig. 18) a des cotylédons connés

---

(1) Tous les *Phaseolus* ont les cotylédons non-assimilateurs; mais tandis que chez le *P. vulgaris*, l'hypocotyle s'allonge de façon à élever les cotylédons au-dessus du sol, chez le *P. multiflorus* l'hypocotyle reste court, les cotylédons demeurent en terre et ne se dégagent pas de la graine.

par tout le pétiole et par la base du limbe. De plus, il n'est pas rare que l'un des cotylédons soit plus petit que l'autre. L'un des deux peut même manquer complète-ment, et l'on observe alors que les bords du seul cotylédon restant se sou-dent pour donner à l'ensemble la forme d'un cornet[1].

Quelle est la valeur phylogénique des cotylédons? La forme de ces or-ganes est trop variable pour qu'il soit possible de lui accorder la moindre valeur pour établir les parentés. Il serait également erroné de supposer que les cotylédons reproduisent un type ancestral de feuilles. Tout au plus doit-on admettre que si beaucoup de plantes ont encore des cotylédons hy-pogés sans aucune fonction foliaire, c'est un legs d'ancêtres qui avaient ces organes mieux développés et capables

Fig. 17. — *Delphinium Staphysagria.* (1/1).

d'assimiler. De même encore, les incisions des cotylé-dons de *Juglans* paraissent être un reste d'un stade *Ptero-carya.*

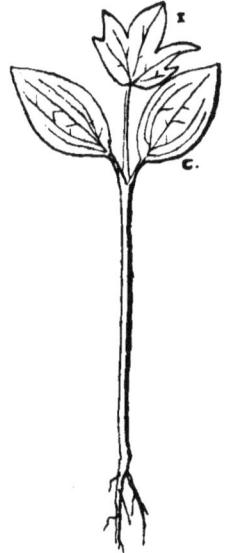

.•.

FEUILLES PRIMAIRES. Il est très rare que la plante présente pendant tout le cours de son développement des feuilles semblables, même en ne tenant pas compte des feuilles

(1) M. H. de Vries (**22**) a figuré dernièrement des plantules de *Helianthus* à cotylédons connés; grâce à sa sélection, l'anomalie était devenue héréditaire. Nous nous occupons de fixer la polycotylédonie chez le *Cobaea scandens*, ainsi que les anomalies que présente le *Delphinium nudicaule.*

qui composent la fleur. Beaucoup de plantes dont les
feuilles radicales sont longuement pétiolées, ont des feuilles
caulinaires sessiles, pourvues d'oreillettes embrassantes :
*Lepidium perfoliatum, Doronicum Pardalianches, Alche-
milla vulgaris,* etc.; le plus souvent même, les fleurs naissent à l'aisselle de bractées, qui sont des feuilles très réduites.

On peut ordinairement distinguer sur un rameau de
plante vivace ou de plante ligneuse les formes suivantes de
feuilles : 1° de petites feuilles qui garantissent le bourgeon
pendant l'hiver (feuilles basilaires ⸗ Niederblätter);

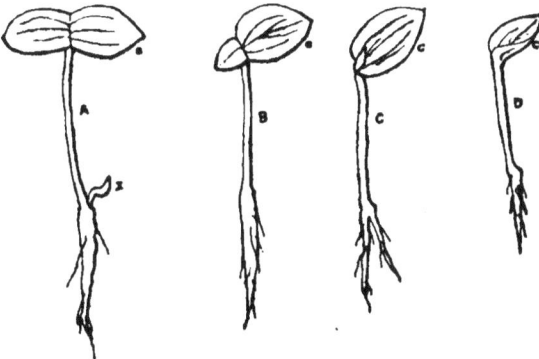

Fig. 18. — *Delphinium nudicaule.* — A. Plantule normale avec les
cotylédons connés; la première feuille a déchiré la base du tube
formé par les pétioles des cotylédons. — B et C. L'un des cotylédons est beaucoup plus petit que l'autre. — D. Plantule avec un
seul cotylédon dont les bords sont connés. (1/1).

2° des feuilles assimilatrices bien développées (feuilles
moyennes ⸗ Laubblätter) ; 3° vers le haut du rameau, il
y a de nouveau des feuilles réduites, qui protègent ici les
fleurs (feuilles apicales ⸗ Hochblätter). Les feuilles
moyennes sont celles qui se rapprochent le plus de la
forme ancestrale ; chez le *Sagittaria* (fig. 1), par exemple,
ce sont les feuilles sagittées émergées; chez les *Rosa*, on
appellera feuilles moyennes, celles qui portent des folioles
bien développées, à l'exclusion des petites écailles qui gar-

nissent la base du rameau et des feuilles uniquement
stipulaires à l'aisselle desquelles naissent les fleurs :
l'ancêtre des *Rosa* avait probablement des feuilles analogues à celles que nous appelons feuilles moyennes, et non
à celles qui sont réduites. La plantule de *Lathyrus Aphaca*
(fig. 37) porte d'abord des feuilles très réduites, puis une
ou deux feuilles composées de deux stipules et d'une paire
de folioles latérales, qui sont les feuilles moyennes, puis
une ou deux feuilles composées uniquement d'une paire
de stipules, enfin des feuilles semblables aux précédentes
mais pourvues en outre d'une vrille ; les fleurs naissent à
l'aisselle de ces dernières : chaque plante porte donc un
nombre très restreint de feuilles moyennes. Chez le
Ranunculus aquatilis à feuilles submergées laciniées et à
feuilles flottantes lobées, ce sont les dernières qui sont les
feuilles moyennes, quoique contrairement aux *Rosa* et au
Lathyrus Aphaca, ce soient elles qui sont voisines des
fleurs[1]. Il en est de même pour le *Hedera Helix* :

---

(1) Tous les individus de *R. aquatilis* n'ont pas les feuilles moyennes
flottantes au moment de la floraison ; certaines formes, particulièrement
celles qui vivent en eau profonde, ne produisent que des feuilles immergées à l'aisselle desquelles se trouvent les fleurs. Il y a *pédogenèse*, au
sens que les zoologistes attachent à ce mot : la reproduction se fait pendant
une phase infantile. La pédogenèse est fixée définitivement chez d'autres
espèces de *Ranunculus* : *R. fluitans*, *R. divaricatus*, etc., qui ne donnent
plus de feuilles flottantes. Il est probable que les *Ranunculus* de la section
Batrachium dérivent, par des types tels que *R. hederaceus*, d'espèces
aquatiques ou marécageuses comme *R. sceleratus* dont les premières
feuilles sont flottantes et qui donnent plus tard des feuilles émergées.
Par pédogenèse, les feuilles émergées du *R. sceleratus* disparaissent et la
plante fleurit lorsqu'elle a des feuilles uniquement flottantes (*R. hederaceus*). Plus tard, un stade nouveau est intercalé dans l'ontogénie : l'espèce
acquiert des feuilles submergées laciniées (*R. aquatilis*). Enfin, seconde

les feuilles les moins différentes des feuilles ancestrales
se trouvent sur les rameaux florifères, dépourvus de crampons.

---

pédogenèse superposée à la première, les feuilles flottantes disparaissent à
leur tour et l'on obtient une forme telle que le *R. fluitans*.

On pourrait citer d'autres exemples encore : celui des *Cabomba* est
tout-à-fait parallèle à celui des *Rununculus*. Le *C. aquatica* a des feuilles submergées laciniées et des feuilles flottantes peltées, portant les
fleurs à leur aisselle; il arrive parfois que certaines feuilles laciniées
aient aussi une fleur. Le *C. Warmingi* n'a plus que des feuilles submergées.

Les plantes telles que les *Vallisneria* sont probablement dérivées
par pédogenèse de formes présentant la même succession de feuilles
que les *Sagittaria*, les *Alisma*, etc. On sait du reste (voir Goebel **8**)
que quand ces dernières plantes sont placées en eau profonde ou
dans un ruisseau à courant rapide, elles fleurissent sans donner de
feuilles émergées.

Des phénomènes analogues s'observent ailleurs que chez les plantes
aquatiques: l'*Ilex Aquifolium* qui d'ordinaire fleurit sur des rameaux
à feuilles non piquantes sur les bords, donne souvent des fleurs
sur les rameaux à feuilles piquantes. D'après M. Marchal, qui s'occupe
spécialement d'Hédéracées, il n'y aurait pas pédogenèse, même
accidentelle, chez les *Hedera*; ceux-ci ne fleurissent jamais sur les
rameaux dorsiventraux pourvus de crampons. M. Schenck (**17**) ne
cite du reste aucune plante grimpante à crampons typique qui présente
de la pédogenèse.

Ces divers cas, et bien d'autres que nous pourrions citer, sont dus à la
fixation héréditaire de la faculté reproductrice pendant une phase infantile; mais celle-ci n'a pas de valeur phylogénique : elle représente non
un stade ancestral, mais un stade intercalé par adaptation. Il en est autre-
ment pour les *Retinispora*. Divers auteurs, et en particulier M. Beissner(**1**),
ont montré que ces Conifères sont le produit de la fixation de la phase
infantile de divers *Thuya*, *Chamaecyparis*, etc : on peut par le bouturage
de la forme jeune, obtenir des individus qui ne dépassent pas ce stade.
M. Goebel (**6**) cite, d'après divers auteurs, des exemples de *Retinispora*
qui ont fructifié. Nous avons affaire ici à un cas de pédogenèse différent

Il serait oiseux de discuter, s'il y a récapitulation dans les nombreuses espèces où les fleurs naissent à l'aisselle de bractées très réduites ou dont l'inflorescence porte des bractées souvent excessivement petites. Il est bien évident que, dans ces cas, la plante donne d'abord des feuilles assimilatrices et que celles-ci rappellent un stade ancestral (fig. 19).

Nous nous occuperons exclusivement dans ce travail des feuilles que porte la plante dans sa jeunesse. Lorsqu'on compare ces feuilles primaires à celles de la plante adulte, on constate que tantôt elles sont semblables à celles-ci ou n'en diffèrent que par la taille et le nombre des parties qui la composent, tantôt elles ont à remplir des fonctions différentes de celles qu'assument les feuilles de la plante adulte, tantôt enfin, elles rappellent un état ancestral.

Fig. 19. — *Servatula centauroïdes.* — A. Feuille moyenne longuement pétiolée. — B, C, D, E. Feuilles apicales de plus en plus réduites. — F. Bractée de l'involucre. (1/5).

---

peut-être des précédents en ce que la phase infantile représente un état ancestral.

En présence des nombreux cas de pédogenèse, il est souvent très difficile de fixer la valeur de certaines phases. Ainsi nous verrons que la plantule des *Lathyrus* porte des feuilles dont le segment terminal très réduit est remplacé par une petite pointe. Or, en dehors des feuilles basilaires très réduites, les *Orobus* ne donnent que des feuilles analogues à ces feuilles primaires des *Lathyrus*. Les *Orobus* dérivent-ils par pédogenèse des *Lathyrus*? ou bien les *Lathyrus* proviennent-ils d'*Orobus* qu'ils rappellent encore d'une façon transitoire? Le problème est aussi peu soluble pour certains Conifères ressemblant à des *Retinispora* et qui fleurissent normalement.

A. *Feuilles primaires semblables aux feuilles suivantes.*

C'est le cas de beaucoup le plus fréquent. Nous nous bornerons à citer quelques exemples caractéristiques. Les feuilles primaires d'*Iris* (fig. 15) sont bilatérales et distiques. Les feuilles primaires des *Scorpiurus*, de l'*Honckeneya peploïdes*, etc., ont les deux faces égales, absolument comme les feuilles suivantes. Les feuilles primaires des *Cirsium*, des *Carduus* (fig. 20) sont piquantes sur les bords; celles de *Silybum Marianum* sont déjà veinées. Les plantules de *Casuarina* (fig. 13), d'*Ephedra* (fig. 11) et de beaucoup d'autres plantes à feuilles peu développées, ont les mêmes feuilles qu'à l'état adulte. Le *Potamogeton densus* est l'une des rares Monocotylédones dont les feuilles soient (en apparence) opposées. Cette disposition est réalisée dès les premières feuilles.

Fig. 20. — *Carduus nutans.* (1/1).

Fig. 21. — *Potamogeton densus.* La première feuille se trouve à peu près au niveau du cotylédon; les feuilles suivantes paraissent opposées. (1/1).

Parmi les plantes qui offrent le plus d'intérêt au point de vue de la récapitulation il faut citer les variétés nées dans les cultures : toutes celles que nous avons pu étudier sont dépourvues de tout stade récapitulatif. Le *Veronica longifolia incisa* a des feuilles primaires déjà découpées (fig. 22).

Les légumes à feuilles frisées (*Petroselinum*, *Cicho-*
rium, etc.) ont des feuilles frisées dès l'origine; il en
est de même de beaucoup de Fougères (*Pteris*, *Adian-*
tum, etc.) dont les feuilles sont « crispées. » Les
plantes panachées qui se re-
produisent par semis (*Zea*
Mays, *Apium*, etc.) ont les
premières feuilles panachées.
Les divers légumes à feuilles
rouges ou pourpres (*Beta*,
Brassica, *Lactuca*, etc.) ont
leurs feuilles primaires et

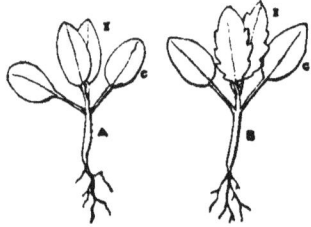

Fig. 22. — A. *Veronica longifolia.* —
B. *V. longifolia incisa.* (1/1)

souvent les cotylédons colorés. Chez les *Cobaea scan-*
dens, on peut, à la teinte des plantules, distinguer les
individus à fleurs pourpres de ceux qui auront les fleurs
blanches.

La similitude des feuilles primaires et des feuilles suivantes est aussi très nette chez les plantes grasses (**8, 16**) :
aussi bien celles qui accumulent l'eau dans les feuilles et
la tige que celles qui ont un bulbe, possèdent déjà ces
organes charnus dès la première feuille et souvent dès
les cotylédons (fig. 6, 7, 8, 9). Ces plantes habitent des
pays très secs, où les espèces qui sont pourvues d'un
réservoir d'eau peuvent presque seules se maintenir. Si
les plantules passaient par un stade ancestral et étaient
privées de réservoir, elles succomberaient inévitablement;
la sélection naturelle doit donc intervenir ici très efficacement pour empêcher la récapitulation.

La similitude des feuilles primaires et des feuilles suivantes est souvent moins nette.

Beaucoup de plantes dont les feuilles sont profondément
lobées, ont des feuilles primaires à peine lobées ou bien

formées d'un nombre de segments moindre que les feuilles
ultérieures : *Hibiscus vesicarius* (fig. 5), *Centaurea meli-*

Fig. 23. — *Centaurea melitensis.* — A. Plantule. (1/1). — B. Feuille d'une
plante adulte (1/2).

tensis (fig. 23), *Lepidium perfoliatum* (fig. 24), etc.
Lorsque les feuilles moyennes sont composées d'un nom-

Fig. 24. — *Lepidium
perfoliatum.*(1/1).

bre considérable de segments, il n'est pas
rare que les feuilles primaires ne portent
qu'un seul de ces segments. C'est ce qui
a lieu chez la plupart des Ombellifères :
Laserpitium (fig. 25), *Eryngium* (fig. 26),
etc. Cet unique segment a la même structure que ceux qui forment les feuilles
suivantes. La première feuille des *Adian-*
tum ne comprend également qu'un seg-
ment. Ce qui montre bien qu'il ne s'agit pas ici d'un
stade récapitulatif, c'est qu'un *Adiantum* adulte mis dans
des conditions peu favorables refait des feuilles d'un
aspect analogue. Il suffit de couper toutes les feuilles d'un

individu, pour qu'il donne de nouvelles feuilles réduites à un segment. La même expérience est souvent réalisée accidentellement pour les *Asplenium Trichomanes* et *A. Ruta-muraria* qui croissent entre les joints des murailles.

Chez les Papilionacées, on rencontre tous les intermédiaires entre les formes dont les feuilles primaires sont unifoliolées jusqu'à celles chez qui elles comprennent un grand nombre de folioles. Ce dernier cas est réalisé, par exemple, chez l'*Astragalus baeticus* (fig. 27), et l'*Ornithopus sativus* (fig. 28). La première feuille d'*Hippocrepis* (fig. 29) n'a que trois folioles.

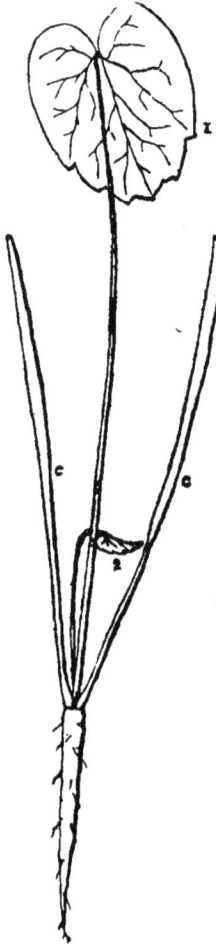

Fig. 25. — *Laserpitium glabrum*. (1/1).

Fig. 26.— *Eryngium maritimum*. (1/2).

La première feuille des Trifoliées est à une seule foliole : *Medicago, Melilotus, Trifolium, Trigonella* (fig. 30), etc. Chez certains *Ononis* (*O. repens maritima, O. Natrix*, etc.), ce stade unifoliolé est conservé longtemps. Les Phaséolées (*Dolichos* fig. 14) ont également les feuilles primaires composées d'une seule foliole : de même que chez les Trifoliées, elle est pourvue d'un bourrelet moteur ; mais elle manque de stipelles et diffère par sa forme de celles qui constituent les feuilles suivantes. Les *Citrus* (fig. 34)

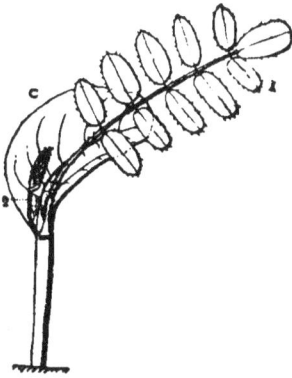

Fig. 27. — *Astragalus baeticus*. (1/1). — (L'un des cotylédons est enlevé).

Fig. 28. — *Ornithopus sativus*. (2/1).

et les *Thalictrum* ont des plantules qui ne sont pas sans analogie avec celles des Phaséolées : les feuilles primaires des *Citrus* sont privées des ailes latérales du pétiole et celui-ci ne s'articule pas avec le foliole; de même que les feuilles primaires des Phaséolées, celles des *Citrus* sont opposées. Les feuilles primaires des *Thalictrum* manquent de stipelles.

Jusqu'à quel point les feuilles primaires simplifiées dont nous venons de citer quelques exemples, peuvent-elles être considérées comme représentant un stade ancestral ? Nous ne saurions le dire, mais nous doutons beaucoup

que l'on en puisse déduire un renseignement phylogénique.
Les feuilles des plantules étant généralement plus petites
que celles de la plante adulte, on doit s'attendre à ce qu'elles
se composent d'un nombre moindre de lobes, de segments

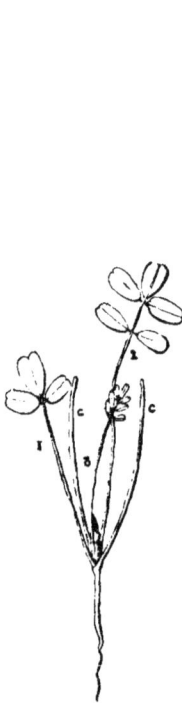

Fig. 29. — *Hippocrepis*
multisiliquosa. (1/2).

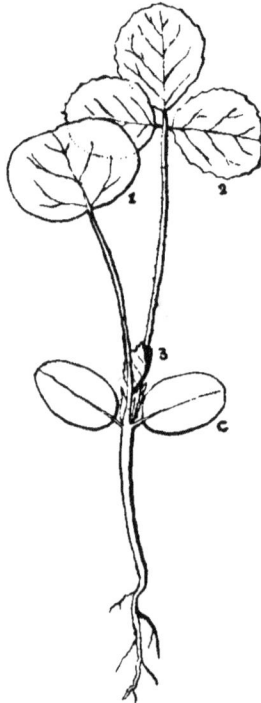

Fig. 30. — *Trigonella caerulea.*
(1/1).

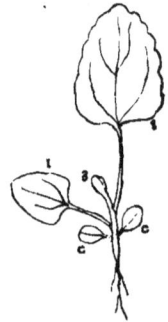

Fig. 31. — *Begonia*
Evansiana. (4/1).

ou de folioles : en théorie, deux feuilles d'une même
plante peuvent être inégalement grandes soit par dimi-
nution du nombre des parties semblables, soit par réduction de la taille des diverses parties, leur nombre restant le
même; c'est toujours le premier cas qui se réalise. Les
observations de M. Sachs (*Flora*, LXXVII, p. 49, 1893)

et de **M**. Amelung (Ibid., p. 176) montre que les mêmes règles s'appliquent aux cellules, éléments constitutifs des organes : la dimension de ceux-ci dépend, non de la dimension des cellules, mais de leur nombre.

On pourrait aussi se demander si les *Begonia* présentent un stade récapitulatif; la première feuille de la plupart des espèces (fig. 31) est symétrique; l'asymétrie apparaît de plus en plus prononcée dans les feuilles successives.

*
* *

B. *Feuilles primaires succédant aux cotylédons hypogés.*

Nous avons vu plus haut que chez beaucoup d'espèces, les cotylédons servent uniquement de magasins dans lesquels la plante-mère accumule des aliments destinés à la plantule. Dans ces conditions, certaines plantes ont des feuilles primaires très réduites, d'autres ont les deux premières feuilles opposées, comme pour remplacer au point de vue de l'assimilation les cotylédons restés dans la graine.

α. Feuilles primaires réduites. Les graines, et particulièrement celles des espèces à germination hypogée, sont souvent enfouies sous une couche épaisse de terre, de vase, de feuilles mortes, de détritus de toute espèce. Il s'agit donc pour la plantule d'amener au jour son bourgeon terminal. La réduction considérable que subissent les feuilles de beaucoup de plantes à graines très grosses et très denses, doit faciliter beaucoup le passage de l'épicotyle au travers des matériaux qui recouvrent la graine; si les feuilles étaient développées comme elles le sont dans les plantules à cotylédons épigés, elles s'accrocheraient inévitablement en chemin et la plantule risquerait fort de ne point parvenir au-dessus du sol.

Chez les plantes dont il est question ici, la réduction des feuilles primaires est tellement bien fixée par l'hérédité, que ces feuilles ne se développent pas même lorsqu'elles sont placées à la lumière. Nous avons cultivé comparativement à la lumière et à l'obscurité des plantules de divers *Vicia, Pisum, Lathyrus, Cicer, Faba,* etc. Dans tous les cas, les feuilles primaires produites à l'obscurité avaient les mêmes dimensions que celles qui avaient poussé à la lumière. Les graines des deux séries d'expériences étaient semées *sur* la terre de façon à mettre les plantules à la lumière depuis les premiers temps de la germination.

Ces feuilles très réduites n'ont évidemment aucune valeur phylogénique. Si la plante les conserve, c'est uniquement comme porteurs et protecteurs de bourgeons axillaires. *La réduction des feuilles primaires doit être considérée comme un caractère adaptatif.* En effet, à part quelques exceptions, à part aussi les espèces à feuilles primaires opposées dont nous parlons plus loin, toutes les plantes à germination hypogée ont les premières feuilles très petites, quelque soit le groupe auquel elles appartiennent. Parmi les Dicotylédones, citons les Viciées (sauf *Abrus*) (fig. 32, 36, 37, 39), *Nymphaea* (fig. 44, 46), *Quercus, Bertholletia, Lecythis* et bien d'autres figurés par Sir John Lubbock (16). Chez la plupart des Monocotylédones, la réduction des feuilles primaires n'aurait pas de raison d'être, les feuilles et le cotylédon linéaire traversant facilement le sol ; la réduction est pourtant très nette chez le *Smilax asparagoides* (fig. 33). Les Conifères ne renferment, à notre connaissance, que deux genres à cotylédons hypogés : *Gingko* et *Araucaria*; tous deux ont les premières feuilles réduites. Ajoutons que les

Chara se conduisent de même : la spore est très volu-
mineuse et renferme une masse considérable de réserves;
lors de la germination, le premier nœud ne donne pas
de feuilles.

β. *Feuilles primaires opposées.* Chez d'autres plantes
à cotylédons hypogés (*Citrus*, fig. 34, *Tropaeolum*

Fig. 31. — *Lathyrus
Nissolia*. (1/1).

Fig. 33. — *Smi-
lax aspara-
goïdes*. (1/1).

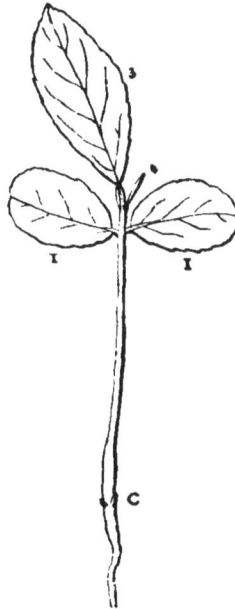

Fig. 34.— *Citrus aurantium.*
— c = point d'attache des
cotylédons. (1/1).

fig. 49 etc.), ainsi que chez quelques espèces à cotylédons
peu assimilateurs (*Dolichos*, fig. 14, *Caesalpinia*, fig. 31,
Fagus, *Cobaea*, fig. 35), les deux premières feuilles sont
opposées. La disposition de ces feuilles au même niveau
est beaucoup plus nette chez les premières plantes que
chez celles que nous citons en second lieu. Chez ces

diverses espèces, *les deux premières feuilles paraissent remplacer, au point de vue fonctionnel, les cotylédons peu aptes à l'assimilation*; il est certain que dans des plantes telles que *Cobaea* (fig. 35) et *Fagus* (fig. 12) les cotylédons, quoique devenant verts, doivent être gênés dans leur

Fig. 35. — *Cobaea scandens.* — A et B. Plantules; les feuilles de la seconde se terminent en vrilles. — C. Jeune feuille d'une plante adulte. (1/2).

fonctionnement par les réserves qui y sont accumulées. Les feuilles primaires opposées sont déjà ébauchées dans la graine mûre, et de même que pour les cotylédons, leur disposition au même niveau semble avoir quelque rapport avec leur formation hâtive.

***

C. *Feuilles primaires des plantes grimpantes ou volubles.*

α. Les *plantes grimpantes* pourvues de *crampons* et à rameaux dorsiventraux présentent cette disposition depuis leur jeunesse. Les tout premiers entrenœuds de *Hedera* (2) sont semblables à ceux que produit la plante jusqu'au moment où elle fleurit.

β. Quant aux *plantes volubles,* on sait que les premiers

entrenœuds n'exécutent que des nutations insuffisantes pour amener l'enroulement. Il serait du reste absolument inutile que les plantules, parfaitement aptes à se soutenir

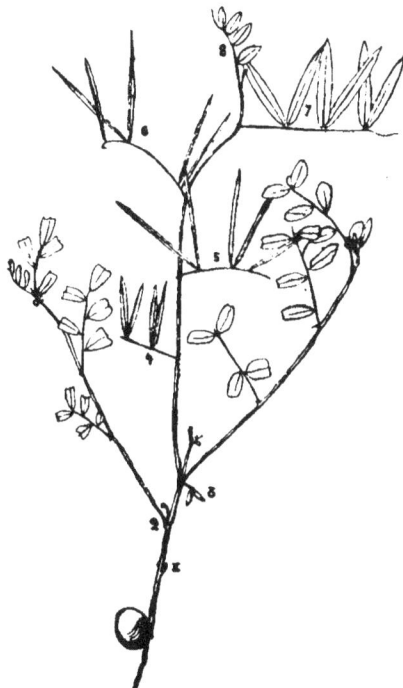

Fig. 36. — *Vicia monanthos.* (1/1).

elles-mêmes, cherchassent déjà un support. Chez les *Cuscuta*, obligés sous peine de mort de trouver immédiatement une plante nourricière, l'enroulement commence beaucoup plus tôt, presque au sortir de la graine (fig. 16).

γ. Les choses sont plus complexes chez les *plantes à vrilles foliaires*. On peut dire d'une façon générale que les feuilles primaires ne fonctionnent pas comme vrilles; cette règle s'applique aux diverses catégories : 1° Plantes dont les segments peu différenciés sont sensibles au contact et s'accrochent aux corps voisins, *Corydalis*, *Adlumia*, *Fumaria*, etc. ; 2° celles qui grimpent à l'aide de leur pétiole : *Tropaeolum*, *Nepenthes*, etc. ; 3° celles dont les feuilles se terminent par un filament préhensible : *Flagellaria*, *Gloriosa*, etc. ; 4° celles qui ont des vrilles bien différenciées : *Cobaea* (fig. 35) *Sicyos* et autres Cucurbitacées, *Vicia* (fig. 36 et 41), *Lathyrus* (fig. 37, 39 et 40) et la plupart des Viciées[1]. Toutes ces espèces donnent des feuilles primaires dépourvues de vrilles. Chez le *Cobaea* (fig. 35) les feuilles primaires sont le plus souvent nettement récapitulatives et pourvues d'un segment terminal. Il n'est pourtant pas très rare que les premières feuilles soient terminées en vrilles qui alors portent le plus souvent de petits bouts de limbe ; ces vrilles sont moins ramifiées que celles des feuilles adultes.

Les espèces vivaces parmi les Viciées et les Cucurbitacées produisent chaque année au printemps des pousses dont les premières feuilles sont dépourvues de vrilles, tout comme les premières feuilles des plantules.

Fig. 37. — *Lathyrus Aphaca.* Les feuilles 4 et 5 portent chacune une paire de folioles. (1/1). — (La racine est garnie de nodosités).

---

(1) Pour tous les détails relatifs aux plantes grimpantes et aux plantes volubles, consultez Darwin (**4**) et Schenck (**17**).

Les Viciées ont des feuilles extrèmement polymorphes. Les espèces grimpantes doivent être considérées comme dérivant de formes dressées, à feuilles imparipennées telles que *Cicer arietinum*. Chez les formes les plus typiques, *Vicia monanthos*, par exemple (fig. 36), les plantules produisent d'abord de une à trois feuilles très petites, succédant aux cotylédons hypogés, puis des feuilles pourvues de folioles latérales et terminées par une petite pointe, enfin des feuilles qui se terminent en une vrille simple ou ramifiée.

Chez plusieurs *Vicia* (*V. picta, monanthos, varia,* etc.), il y a une hétérophyllie assez inexplicable : les folioles que portent les feuilles de l'axe principal (fig. 36) sont linéaires et se terminent en pointe, tandis que les feuilles des rameaux latéraux ont des folioles plus courtes souvent échancrée, au sommet. Ces différences s'éteignent à mesure qu'on s'élève sur l'axe principal et sur les rameaux : les feuilles de la plante adulte sont toutes lancéolées et mucronées.

Nous avons déjà décrit antérieurement la succession des feuilles chez le *Lathyrus Aphaca* (fig. 37). Faisons remarquer seulement que les feuilles de la plante adulte ont une vrille unique sans aucune trace de folioles latérales ou des vrilles qui les remplaceraient. La disparition des folioles sur les feuilles définitives est tellement complète, que lorsque accidentellement la vrille est de nouveau remplacée par un limbe (dans la forme *unifoliatus* (fig. 38), il se produit une foliole terminale et non des folioles

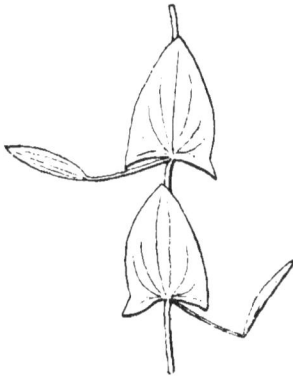

Fig. 38. — *Lathyrus Aphaca uni-foliatus.* (1/1). — (D'après un échantillon d'herbier).

latérales[1]. Il serait intéressant de connaitre le dévelop-

Fig. 39. — *Lathyrus tenuifolius.* — A et B. Plantules à deux états de développement. — C à J. (Quelques formes de feuilles successives. (1/1). — (La racine est garnie de nodosités).

pement de cette forme anormale, afin de savoir si elle

[1] Cet exemple montre combien les indications fournies par la térato-
logie sont vagues et sujettes à caution. La forme *unifoliatus* ne reproduit
pas un stade ancestral, qui était certainement pourvu de folioles latérales ;
elle nous présente quelque chose de neuf, n'ayant jamais existé dans
l'évolution du *Lathyrus Aphaca.* Mais si nous ne connaissions pas l'ontogénie de l'espèce, ce cas tératologique nous induirait nécessairement en
erreur.

présente aussi quelques feuilles transitoires à folioles latérales.

Très curieuses sont aussi les formes telles que *Lathyrus tenuifolius* (fig. 39) et *L. Ochrus* (fig. 40) chez lesquelles un nouveau stade est intercalé. Les deux espèces ne diffèrent qu'en des points de détail. Après les toutes premières feuilles très réduites et dépourvues de toute trace de stipules, il se forme des feuilles semblables à celles-ci, mais plus grandes. Un peu plus haut, apparaissent des feuilles privées encore de stipules, et dont le pétiole

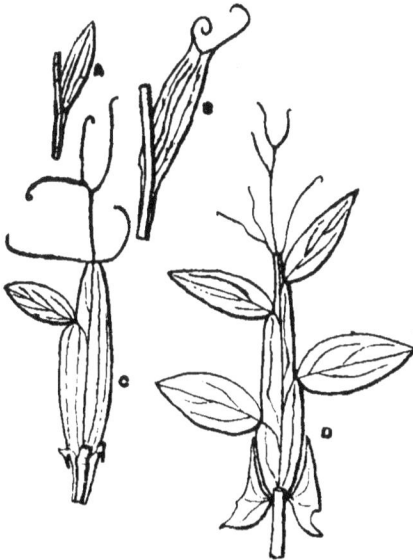

Fig. 40. — *Lathyrus Ochrus*. Quelques formes de feuilles successives. (1/1). — (D'après un échantillon d'herbier).

élargi porte supérieurement une ou plusieurs vrilles accompagnées ou non d'une foliole. On passe ainsi graduellement aux feuilles définitives qui, chez le *Lathyrus Ochrus*, ont un pétiole élargi; tandis que celles du *L. tenuifolius* dépassent ce stade et ont un pétiole non ailé. Le premier serait donc probablement dérivé par pédogenèse d'une forme analogue au *L. tenuifolius*.

D'après Darwin (**4**) et M. Schenck (**17**), le *Lathyrus Nissolia* (fig. 32) proviendrait d'une espèce grimpante voisine du *L. Ochrus*. Cette plante ne donne jamais de vrilles : après deux feuilles très réduites, il se forme des feuilles semblables à celles qui suivront, linéaires et pourvues de deux petites stipules sétacées ; la présence de ces stipules montre, à notre avis, que le *Lathyrus Nissolia* ne dérive pas d'une forme analogne à celles dont nous venons de parler.

Quelques autres Viciées (*Orobus*, *Faba*, etc.) sont dépourvues de vrilles : leurs feuilles se terminent en une petite pointe ou en une minuscule foliole ; elles n'ont jamais, même transitoirement, des feuilles avec une vrille ou avec une foliole terminale bien développée. Il ne nous paraît pas possible de décider si elles dérivent par pédogenèse de plantes grimpantes, ou si elles ont, au contraire, donné naissance à ces dernières.

Parmi les diverses Viciées grimpantes que nous avons examinées, il n'en est qu'une qui présente des feuilles pourvues d'une foliole terminale ; c'est le

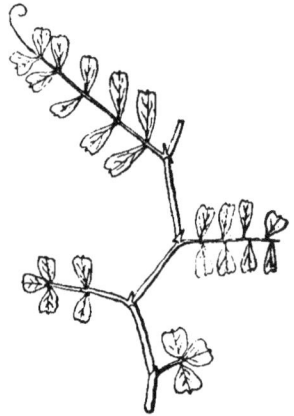

Fig. 41. — *Vicia pyrenaica*. (1/1). — (D'après un échantillon d'herbier).

Vicia pyrenaica (fig. 41). D'après M. Schenck (**17**), cette espèce ne serait pas toujours nettement grimpante et manquerait fréquemment de vrilles. Cet auteur la considère comme dérivant de types grimpants ; nous croyons, au contraire, qu'elle représente une forme assez primitive du groupe, voisine des *Vicia argentea*, qui d'après M. Schenck porte des folioles terminales bien développées.

⁂

D. *Feuilles primaires des plantes aquatiques.*

Certaines plantes aquatiques ont des graines ou des spores flottantes qui germent à la surface de l'eau : *Azolla*, *Salvinia*, *Lemna*, *Pistia*, *Trionaea*, etc. La plantule développe d'abord un organe spécial destiné à assurer le flottement de l'organisme. M. Goebel(8) a étudié en détail et figuré un grand nombre de ces plantules : nous n'avons pas à y revenir ici.

La plupart des espèces aquatiques ont des graines qui flottent pendant quelque temps et qui souvent sont munies à cet effet d'une couche assez épaisse de tissus aérifère (*Nymphaea*, *Aponogeton*), mais qui finissent par aller au fond. Là elles sont souvent recouvertes d'une couche de sédiments vaseux. Lors de la germination, il s'agira d'amener le bourgeon à la lumière. Chez les Monocotylédones, c'est le cotylédon qui entre en jeu. Après avoir exécuté quelques nutations, le cotylédon prend une position verticale et s'accroît directement vers le haut. En même temps que lui, l'hypocotyle s'allonge aussi considérablement. L'accroissement ne s'arrête que lorsque la base du cotylédon est parvenue au-dessus de la vase ; à ce moment, le cotylédon se rejette sur le côté de façon à permettre au bourgeon qu'il porte à sa base de

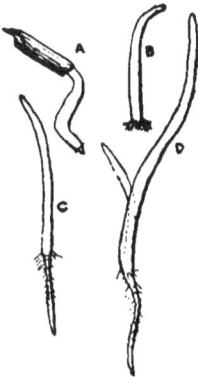

Fig. 42. — *Triglochin maritimus* semé dans l'eau sous une couche très peu épaisse de vase. (3/1).

se développer librement. Il résulte de ce mode de croissance que la longueur de l'hypocotyle se règle exactement
sur l'épaisseur de la couche de vase qui surmonte la graine
en germination [1] (voir fig. 1). Nous avons observé ces
faits chez divers *Sagittaria* (fig. 1), *Alisma, Damasonium,
Potamogeton* (fig. 21), *Zannichellia Triglochin* (fig. 42).
Les *Chara* germent exactement suivant le même type (voir
les figures de de Bary dans *Botanische Zeitung*, 1875, pl. V
et VII). Lorsque les spores germent au-dessus de la vase, la
plante définitive se forme contre la spore ; lorsque la germination se fait sous la vase, il se produit un allongement
considérable — et égal à l'épaisseur de la couche de vase —
de la portion du proembryon com-
prise entre la spore et l'insertion de
la plantule définitive.

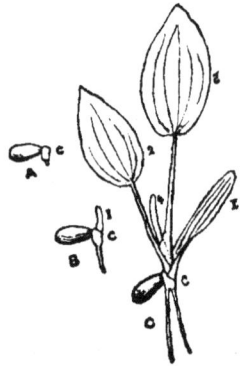

Fig. 43. — *Calla palustris.*
Stades successifs de la
germination. (1/1).

Parmi les Monocotylédones aquatiques, le *Calla palustris* est l'une des
rares plantes qui germent suivant
un autre type. Le cotylédon reste
court ainsi que l'hypocotyle. Aussi
les graines qui sont semées sous
la vase refusent-elles de germer.

Il en est encore de même de
l'*Aponogeton distachyum* : le cotylédon reste ici enfoui dans la graine.

Les Dicotylédones aquatiques renferment un certain
nombre de formes dont les deux cotylédons restent unis
pendant la germination et coiffés de l'enveloppe de la
graine (*Hippuris*, fig. 3). La plantule croit ainsi verticale-
ment par l'allongement de l'hypocotyle jusquà ce qu'elle

_____

(1) C'est du reste par une série de phénomènes sensiblement analogue
que les Monocotylédones terrestres amènent au jour leur bourgeon.

soit arrivée à la lumière; puis les deux cotylédons s'écartent l'un de l'autre pour livrer passage au bourgeon.

La germination des Nymphéacées à cotylédons hypogés

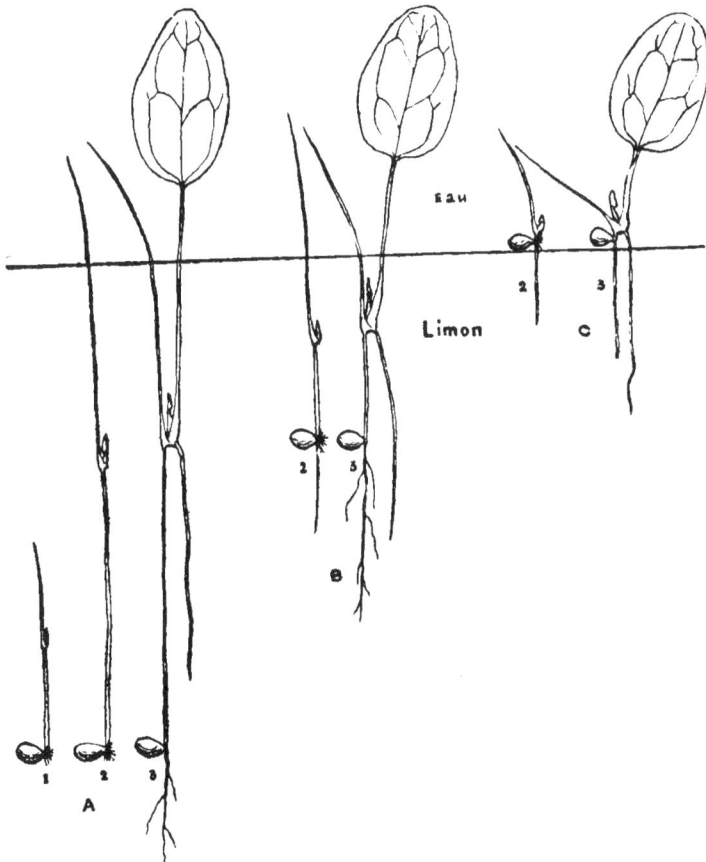

Fig. 44. — *Nymphaea alba* semé sur la vase et à diverses profondeurs sous la vase. —
1, 2, 3 stades successifs d'une même plantule. (1/1).

est tout autre. Chez les *Nymphaea* (fig. 44), les *Nuphar*,
le *Victoria*, elle se fait suivant le même type fonctionnel
que chez les *Sagittaria*, *Potamogeton*, etc. Seulement ce

n'est pas ici un cotylédon et l'hypocotyle qui s'allongent; c'est la première feuille et le premier entrenœud. Lors de la germination, les pétioles des cotylédons s'accroissent un peu et poussent au dehors la tigelle et la radicule; celle-ci reste d'abord stationnaire et ne forme que quelques poils. En même temps, la tigelle et la première feuille se développent; leur allongement ne cesse que lorsque le sommet de la première feuille arrive à la lumière. Dès ce moment, l'allongement du premier entrenœud devient beaucoup plus lent et le bourgeon terminal commence à son tour à s'accroître. Maintenant seulement se forme la radicule. Le premier entrenœud est peu complexe et ne contient qu'un seul faisceau central à structure rayonnante, son rôle est terminé et cet article disparaît dès que les cotylédons sont vides et que la jeune plante a émis des racines au premier nœud. M. Goebel (8) figure une plantule d'une autre Nymphéacée, le *Cabomba* : après les cotylédons hypogés, il se forme deux feuilles linéaires, puis des feuilles segmentées.

Fig. 45. — *Nelumbium codophyllum*. (1/4).

La germination des *Nelumbium* (fig. 45) est encore différente. Les graines ne germent pas lorsqu'elles sont enfouies sous la vase. Tous les entrenœuds sont raccourcis et les premières feuilles ont un long pétiole.

La grande majorité des plantes aquatiques produisent donc d'abord un appareil (cotylédons ou feuille) qui a spécialement pour but de traverser la vase. Ensuite il se forme généralement des feuilles submergées qui appartiennent à deux types très différents : profondément laciniées ou entières.

Les *Ranunculus* de la section *Batrachium*, le *Bidens Beckii* (**8**), etc., ont des feuilles primaires du premier type; plus tard seulement apparaissent les feuilles flottantes beaucoup moins découpées à l'aisselle desquelles se forment les fleurs. Il est probable que les *Myriophyllum*, les *Ceratophyllum*, etc., sont au même titre que les *Ranunculus divaricatus*, *R. fluitans*, etc., des dérivés pédogénétiques de formes à feuilles d'abord submergées puis flottantes.

Les espèces dont les premières feuilles sont entières, sont beaucoup plus nombreuses. On en trouve des exemples parmi les Phanérogames les plus diverses. Les *Calla palustris* (fig. 43), *Triglochin* (fig. 42), *Sagittaria* (fig. 1), *Alisma*, *Damasonium*, *Eichhornia*, *Nymphaea* (fig. 44 et 46), *Nuphar*, *Victoria*, etc., appartiennent à cette catégorie. Le nombre de formes qu'affectent les feuilles successives d'une même espèce est souvent considérable. Le *Nymphaea dentata*, par exemple (fig. 46), donne une première feuille aciculaire, puis des feuilles submergées minces et étroites, puis des feuilles submergées de plus en plus larges et devenant même cordées à la base, puis des feuilles flottantes à bord entier; en dernier lieu, les feuilles dentées caractéristiques.

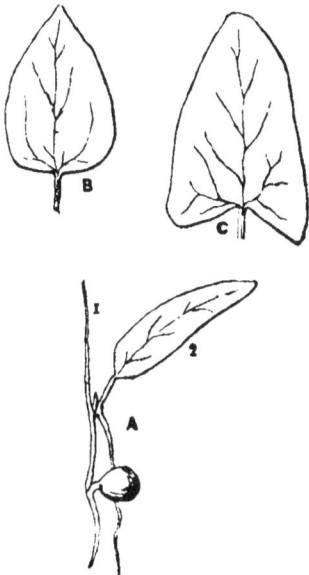

Fig. 46. — *Nymphaea dentata.* — A. Plantule avec deux feuilles. — B et C. Feuilles prises à des plantules plus âgées.

Le fait que des feuilles primaires submergées existent
dans les familles les plus éloignées, montre déjà que ce
n'est pas un stade récapitulatif, mais simplement un stade
intercalé par adaptation. Les *Nuphar luteum* et *N. pumi-
lum* donnent chaque printemps des feuilles minces submergées avant les feuilles flottantes.

Le *Nelumbium codophyllum* étudié par M. Trécul (**20**)
ne donne jamais de feuilles submergées ; il produit d'em-
blée des feuilles flottantes (fig. 45).
Chez cette plante, les feuilles émergées dérivent manifestement de feuilles flottantes : d'après M. Goebel (**8**),
elles n'ont de stomates que sur la
face supérieure. Les feuilles flottantes
seraient donc récapitulatives et rap-
pelleraient le stade où les ancêtres de
l'espèce n'avaient que des feuilles de
ce type.

Nous pensons qu'il en est de
même pour les *Ranunculus Flammula*

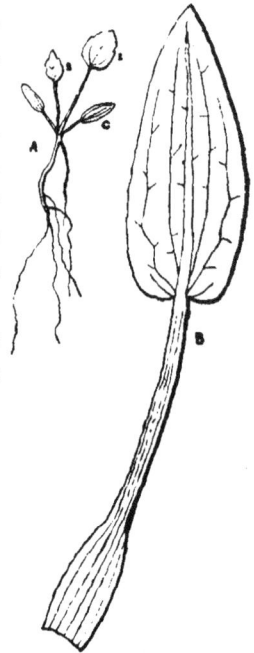

Fig. 47. — *Ranunculus Flammula.* —
A. Plantule. — B. Feuille prise au
printemps sur une plante adulte.
(1/1).

Fig. 48. — *Ranunculus Lingua.* — A. Plantule. — B.
Feuille prise au printemps
sur une plante adulte(1/1).

(fig. 47) et *R. Lingua* (fig. 48). Lors de la germination, la plantule produit des feuilles élargies à bords
dentés, qui ressemblent beaucoup plus aux feuilles des

autres *Ranunculus* que les feuilles définitives. Il est
à remarquer que ces feuilles ont presque exclusivement
des stomates à la face supérieure, ce qui indiquerait
qu'elles représentent un stade ancestral. Chaque printemps, la plante forme quelques feuilles qui rappellent
par leur forme et par la distribution des stomates les
feuilles primaires de la plantule. Nous aurions donc ici
un exemple de récapitulation gemmaire, c'est-à-dire dans
l'ontogénie de chaque bourgeon, superposée à la récapitulation plantulaire.

⁎

Nous avons vu que chez les plantes grimpantes à
crampons, nous avons affaire à une phase intercalée dans
le développement ; cette phase fait place au stade définitif
(phylogéniquement le plus ancien) lorsque la plante a
atteint le sommet de l'arbre ou la crête du mur contre
lequel elle grimpe. Les plantes aquatiques présentent
quelque chose d'analogue : elles donnent d'abord des
feuilles submergées et ne produisent de feuilles définitives
que lorsqu'elles peuvent les étaler à la surface de l'eau.
A ces exemples, on peut encore ajouter celui de certaines
plantes épineuses, telles que l'*Ilex* : aussi longtemps que
l'arbuste a besoin de se protéger contre les Mammifères,
il donne des feuilles épineuses, représentant un stade
intercalé ; dès qu'il dépasse une certaine taille et se trouve
hors de l'atteinte des animaux, les feuilles ancestrales, à
bord entier, reparaissent.

Dans ces divers cas, le stade intercalé peut durer
pendant un temps très long ; le plus souvent le moment
de la floraison coïncide avec celui de l'apparition du stade
ancestral. Mais nous connaissons bon nombre de cas où

4

par pédogenèse accidentelle ou normale, la floraison est
plus hâtive.

.*.

E. *Feuilles primaires récapitulatives.*

A diverses reprises, nous avons eu l'occasion de citer
des exemples de végétaux dont les feuilles primaires
rappellent plus ou moins les feuilles ancestrales. Mais
c'étaient le plus souvent des exemples assez douteux.
Examinons maintenant quelques cas typiques.

Le *Phyllocactus crenatus* présente très nettement la
récapitulation gemmaire. Nous avons vu précédemment
que les Cactées, comme la plupart des plantes grasses, sont
charnues dès le début de leur existence; ces espèces
croissent dans des conditions telles que si les plantules
n'étaient pas bien garanties contre la sécheresse, elles
périraient inévitablement. Elles ne sont pas simplement
charnues; elles ont à défendre leur réserve d'eau contre
les animaux et elles sont très efficacement protégées par
leur armure d'épines et souvent aussi par leur goût désa-
gréable. Or, un certain nombre d'espèces de *Rhipsalis* et
de *Phyllocactus* vivent en épiphytes et ne sont donc pas
exposées aux attaques des Mammifères : à l'âge adulte
elles n'ont pas d'épines; mais d'après les observations
concordantes d'Irmisch **(13)** et de M. Goebel **(8)** leurs
plantules sont souvent anguleuses, ou tout au moins
garnies d'épines, ce qui indique que ces genres dérivent
probablement de formes voisines des *Cereus*. D'après
ce que nous a dit M. Lubbers, le *P. crenatus* a également des plantules épineuses. Cette espèce est remarquable par l'extrême polymorphie de ses rameaux;
les uns sont aplatis et présentent sur les bords des

petites feuilles écailleuses, nullement piquantes (IV, 75);
d'autres sont anguleux et ont de trois à six côtes
portant des feuilles épineuses (IV, 69); d'autres encore
sont anguleux et épineux dans le bas, tandis que vers le
haut les côtes s'aplanissent progressivement (IV, 68 et
70); d'autres, plus rares, ont la base arrondie, nullement
anguleuse, et garnie d'épines (IV, 72 et 75); enfin, il
en est d'exceptionnels, dont la base arrondie porte uniquement des feuilles écailleuses (IV, 71). Ajoutons que
tous les rameaux, quelle que soit leur forme, ont une
base d'insertion arrondie. Sur un même exemplaire de
Phyllocactus, on peut rencontrer toutes ces diverses formes, et en outre un nombre considérable de formes
intermédiaires, comme par exemple celles où la région
arrondie de la base est très longue (IV, 72). Les rameaux
des diverses sortes naissent les uns sur les autres; la
figure 75 montre trois rameaux aplatis et complètement
dénués de côtes, naissant au sommet d'un rameau
anguleux. Nous n'avons pourtant jamais observé de
rameaux anguleux et épineux naissant sur une portion
aplatie à feuilles écailleuses : il semble que les bourgeons
axillaires des feuilles épineuses aient une plus grande
amplitude de variabilité que ceux des feuilles écailleuses.
Les différences de rameau à rameau sont, comme on le
voit, très grandes : certains d'entre eux présentent un
stade récapitulatif très net; d'autres ne dépassent même
jamais ce stade; d'autres enfin ne récapitulent pas.

La collection si riche du Jardin botanique de Bruxelles
ne renferme aucun autre *Phyllocactus* qui ait une telle
variété de formes; certaines espèces, le *P. anguliger*, par
exemple, ne présentent plus à l'état adulte aucune trace
de récapitulation.

On pourrait citer quelques autres exemples de plantes
dont les rameaux commencent par offrir plus ou moins
l'état ancestral : *Rhipsalis rhombea*, *Muehlenbeckia platycla-
dos*, *Ranunculus Flammula* et *R. Lingua*, parfois *Acacia
Melanoxylon*. Ajoutons y quelques cas où la récapitulation
est plutôt négative en ce sens que les premières feuilles
du rameau sont moins profondément découpées que les
feuilles définitives et ressemblent ainsi davantage aux
feuilles ancestrales : *Ficus Carica*, *Morus nigra*, *Acer
tataricum*, *Symphoricarpus*, etc. (1).

---

(1) Il n'est du reste pas bien rare de voir sur une plante adulte, se former
tout-à-coup sans raison apparente des branches qui rappellent l'état
jeune de cette espèce. On donne à ce phénomène le nom impropre de
retour atavique (Rückschlag). Sur le *Hedera Helix* var. *arborescens* (qui
n'est que le produit du bouturage d'un rameau florifère orthotrope de
Lierre ordinaire), on observe souvent la formation de rameaux dorsiventraux. M. Goebel (**8**) cite aussi plusieurs cas de retours chez des plantes
aquatiques. Il faut remarquer que dans ces divers exemples, il s'agit simplement d'un retour à la forme infantile ; mais celle-ci n'est pas du tout
un stade ancestral : elle représente au contraire un stade dérivé, acquis par
l'espèce plus tard que la forme qui apparaît en dernier lieu, lors de la
floraison. Il serait donc logique de désigner ces cas sous le terme de retour
infantile en réservant le nom de retour atavique à ceux où il s'agit bien
réellement de la réapparition d'une phase ancestrale. C'est ce qui se présente chez les *Cereus* monstrueux décrits par M. Goebel (**8**) : ils présentent
souvent des rameaux typiques de l'espèce dont elles proviennent ; la même
chose se passe pour l'*Euphorbia havanensis cristata*.

Le plus bel exemple que nous connaissions de plantes grasses mon-
strueuses avec retour atavique se trouve au Jardin botanique de Bruxelles.
Un pied d'*Echinopsis multiplex cristata* a donné sur toute l'étendue de
sa « crête » des rameaux normaux d'*Echinopsis multiplex* typique.

M. Hildebrand (**11**) cite un retour atavique chez l'*Eucalyptus Globulus* :
un pied adulte produisit subitement des branches à feuilles opposées,
analogues à celles de sa jeunesse.

Dans les Alpes du Tyrol, on observe très souvent des retours ataviques
sur le *Juniperus Sabina*.

Voyons maintenant quelques cas dans lesquels la récapitulation est nette sur les plantules, mais manque pour les rameaux.

La plantule de *Tropaeolum majus* sur laquelle M. Goebel (**7**) a attiré l'attention a les deux premières feuilles peltées et opposées; elles sont pourvues de minuscules stipules; celles-ci manquent aux feuilles ultérieures. Plusieurs autres *Tropaeolum* (voir Chatin, **5**), le *T. tuberosum* par exemple, ont toutes les feuilles stipulées. Le *T. canariense*, au contraire, n'a pas même de stipules aux feuilles de la première paire. Les petites stipules récapitulatives du *T. majus* semblent en voie de disparition : comme elles n'ont plus aucune utilité pour la plante, elles occupent à la base du pétiole les positions les plus variées (fig. 49) et manquent quelquefois.

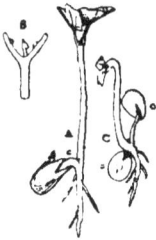

Fig. 49. — *Tropaeolum majus*. — A. Plantule normale avec les deux premières feuilles non encore développées. — B. Portion supérieure d'une plantule dont les limbes foliaires sont enlevés; les stipules sont insérées à diverses hauteurs sur les pétioles. — C. Plantule anormale dont l'un des cotylédons a allongé considérablement son pétiole. (1/3).

Citons aussi quelques exemples dans lesquels les feuilles primaires sont beaucoup plus profondément dentées ou incisées que les feuilles définitives, sans qu'il soit possible d'assigner à cette différence une valeur adaptative. Sir John Lubbock (**16**) figure *Lasiopetalum ferrugineum, Dodonaea viscosa, Carpinus Betulus*, etc.

Nous avons eu l'occasion d'examiner un assez grand nombre de plantules de Rubiacées. Chez la plupart des *Galium*, on observe que les premiers verticilles sont en tout semblables à ceux de la plante adulte; mais le premier verticille de *Sherardia arvensis* et surtout celui de *Galium peregrinum* montrent une différence très marquée entre les feuilles et les stipules, différence qui disparaît complètement plus tard.

La plantule de *Plantago Coronopus* (fig. 2) ressemble beaucoup à un *Plantago* à feuilles linéaires, tel que *P. Psyllium* ou *P. alpina* : peut-être le *P. Coronopus* dérive-t-il d'une forme analogue à ceux-ci. La récapitulation est beaucoup moins nette pour le *P. lanceolata.* Quant aux *P. media* et *P. major* ils ne présentent pas de trace de récapitulation.

Les Conifères offrent plusieurs beaux exemples de récapitulation. Le *Larix europaea* étudié par M. Schenck (**18**) a des feuilles primaires persistantes au moins en partie. Les plantules de *Pinus* ont des feuilles isolées et non groupées par plusieurs. Les *Thuya, Biota, Juniperus* et *Cupressus* qui ont à l'état

Fig. 50. — *Galium peregrinum.* — Dans le 1r verticille, les stipules sont très distinctes des feuilles. Chaque cotylédon porte plusieurs bourgeons axillaires (1/1).

adulte des feuilles écailleuses, apprimées, ont sur la plantule des feuilles squarreuses, piquantes.

Dans les *Thuya, Biota*, etc., l'état adulte doit être probablement considéré comme résultant de l'adaptation à la vie dans un milieu pauvre en eau. Il y a beaucoup d'autres plantes xérophiles, appartenant aux familles les plus diverses, qui ont, à l'état adulte, des feuilles réduites, transformées en phyllodes ou en épines ou même entièrement atrophiées, mais dont la plantule porte des feuilles normalement développées, analogues à celles des plantes voisines. Tels sont le *Zylla myagroides* (**8**) parmi les

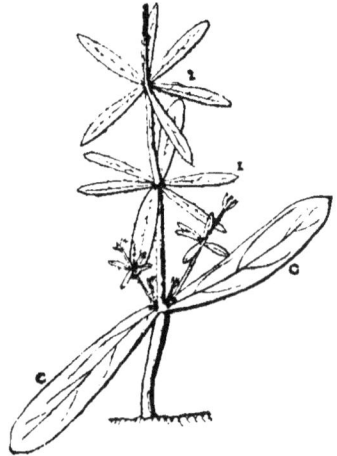

Crucifères; l'*Eucalyptus Globulus* parmi les Myrtacées;
les *Colletia* parmi les Rhamnées ; enfin parmi les Papilionacées (**18**) les *Ulex, Carmichaëlia, Viminaria, Acacia,*
etc. L'abondance relative des exemples de récapitulation
parmi les plantes xérophiles, tient probablement à ce que,
pendant le jeune âge, ces plantes ont moins à craindre
l'évaporation excessive, grâce à la protection qu'elles
reçoivent des végétaux voisins.

Même en dehors des espèces xérophiles, les Papilionacées paraissent avoir de la tendance à reproduire l'état
ancestral au début du dévelop-
pement.

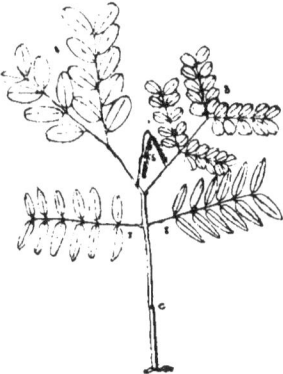

Fig. 51. — *Caesalpinia pulcherrima.* Issu de graines rapportées
du Congo par M. Laurent. — c.
point d'attache des cotydélons.
(1/3).

Nous avons déjà cité les *Trifolium, Trigonella* (fig. 30) et
les autres Trifoliées ainsi que les
Phaséolées (*Dolichos*, fig. 14)
dont la première feuille est uni-
foliolée, ainsi que le *Lathyrus
Aphaca* (fig. 37) et le *Vicia pyrenaica* (fig. 41). Peut-être con-
vient-il d'y ajouter le *Caesalpinia
pulcherrima* : les deux premières
feuilles sont opposées et pennées;
la troisième feuille est quatre fois

pennée, tandis que toutes les feuilles suivantes le sont
deux fois. Les folioles de toutes les feuilles sont accompagnées de stipelles. Les deux premières feuilles opposées
sont, à notre avis, adaptatives, la troisième est récapitulative.

RÉSUMÉ ET CONCLUSIONS.

Les exemples de récapitulation sont rares chez les végétaux. Dans l'immense majorité des cas où la plantule a un aspect différent de celui de la plante adulte, on peut montrer que la différence est due à ce que ses besoins sont autres que ceux de l'individu sexué. Ce stade primaire se conserve parfois très longtemps (*Hedera, Ranunculus aquatilis* type, etc.) — jusqu'au moment de la floraison, — et il n'est même pas rare que la phase définitive soit supprimée. (*Ranunculus fluitans* et nombreux autres cas de pédogenèse.)

Dans les cas si peu fréquents où la plantule présente transitoirement une phase récapitulative, celle-ci rappelle toujours un ascendent peu éloigné. Le *Vicia pyrenaica* rappelle le *V. argentea.* Le *Lathyrus Aphaca,* plus spécialisé que les *Vicia,* ne remonte dans sa phase récapitulative que jusqu'à un parent *Lathyrus.* Le *Tropaeolum majus* a transitoirement les stipules d'autres *Tropaeolum.* Les *Acacia* à phyllodes ont, dans le jeune âge, les feuilles d'espèces du même genre.

Chez les animaux, au contraire, les cas de récapitulation sont beaucoup moins rares, et le plus souvent la phase récapitulative nous renseigne sur les ancêtres lointains de l'espèce plutôt que sur ses parents immédiats.

La rareté des cas de récapitulation et leur faible récurrence tiennent, d'une part, à ce que le végétal est fixé au sol, d'autre part, à ce que ses cellules ont une paroi rigide.

L'immobilité du végétal l'oblige à habiter, dès sa jeunesse, le même milieu que pendant l'âge adulte. Parmi les animaux, il arrive au contraire très souvent que les

jeunes ont un genre de vie tout différent de celui des
adultes ; mais semblable à celui des ancêtres. Les jeunes
Cirrhipèdes sont libres et ont les mêmes besoins — et
partant les mêmes organes — que les autres Crustacés ;
les Grenouilles mènent d'abord une vie aquatique comme
leurs ancêtres Poissons. Chez les végétaux, rien de pareil :
toutes les Phanérogames aquatiques dérivent de plantes
terrestres ; mais si, au début de leur existence, elles avaient
des feuilles adaptées à la vie aérienne, elles seraient
inévitablement vouées à la destruction. Les quelques rares
traces ancestrales qui s'observent transitoirement chez
certaines espèces sont de telle nature qu'elles ne gènent pas
leur possesseur. Mais il serait inconcevable que ces caractères provinssent d'ancêtres éloignés : ils ne seront épar-
gnés par la sélection naturelle, que s'ils sont légués par
des ascendants assez proches et qui ne vivaient pas dans
des conditions trop différentes.

L'absence de la faculté de déplacement a aussi amené,
chez les végétaux, une adaptabilité plus grande que celle
des animaux : ceux-ci peuvent, lorsque les conditions
d'existence changent autour d'eux, se mettre à la
recherche d'un milieu plus favorable ; la plante étant fixée
au sol, ne se tirera d'affaire que si elle peut se modifier
de façon à s'adapter aux nouvelles conditions de vie. Aussi
y a-t-il chez les végétaux de nombreux exemples d'adaptation individuelle. (Plantules de *Nymphaea*, fig. 44). Nous
ignorons si des modifications de ce genre peuvent être
transmises aux descendants, mais il ne parait pas douteux
que la sélection naturelle ait déterminé la fixation héréditaire d'une adaptabilité très étendue. Aussi les espèces
végétales se débarrassent-elles rapidement de toutes les
inutilités que leur lèguent leurs ancêtres.

Les organes transitoires des animaux sont réemployés en totalité au profit de l'organisme : les arcs branchiaux des Mammifères servent à former une quantité d'organes de la face et du cou; la queue de la Grenouille est dévorée par les phagocytes et sa substance est réutilisée par le jeune Batracien. Au sein du végétal, de pareils phénomènes sont exceptionnels et d'ailleurs incomplets : les cellules sont entourées d'une membrane rigide qui les empêche de se déplacer; le contenu cellulaire est plus ou moins complètement résorbé, mais la cellulose reste inaltérée. L'organe inutile ne peut être éliminé qu'avec « perte de substance ».

Pour établir la phylogénie des espèces végétales, l'ontogénie n'est donc que d'un faible secours; il faut s'adresser essentiellement à la morphologie et à la paléontologie qui n'en est du reste qu'une branche.

Nous pouvons conclure en disant que *le végétal forme, dans le cours de son évolution individuelle, les organes dont il a successivement besoin; les organes transitoires sont le plus souvent intercalaires et acquis nouvellement par l'espèce; très rarement, ce sont des legs faits par un parent.*

Bibliographie.

Nous ne citons que les travaux les plus importants. On trouvera une bibliographie *très complète* dans les ouvrages de M. Klebs (**15**) et de sir John Lubbock (**16**).

1. L. Beissner. *Ueber Jugendformen von Pflanzen, speciell von Coniferen.* Ber. d. deutschen Bot. Ges. Bd. VI., S. LXXXIII, 1888.

2. Fr. Buchenau. *Zur Morphologie von Hedera Helix.* Bot. Zeit., 5. August 1864.

3. R. Caspary. *Ueber Samen, Keimung, Specien und Nährpflanzen der Orobanchen.* Flora, 1854, p. 577.

4. C. Darwin. *Les Mouvements et les Habitudes des Plantes grimpantes.* Trad. franç. Paris, Reinwaldt, 1877.

5. J. Chatin. *Mémoire sur la famille des Tropéolées.* Ann. Sciences natur. (4), t. V, p. 383, 1856.

6. K. Goebel. *Uber die Jugendzustände der Pflanzen*. Flora, 1889, S. 1.

7. — *Vergleichende Entwickelungsgeschichte der Pflanzenorgane*. Dans Schenk's Handbuch der Botanik. Bd III. Erste Hälfte, S. 99.

8. — *Pflanzenbiologische Schilderungen*. 2 vol. Marburg, Elwert'sche Verlagsbuchhandlung, 1889, 1891, 1893.

9. G. Haberlandt. *Die Schutzeinrichtungen in der Entwickelung der Keimpflanze.* Wien. Carl Gerold's Sohn, 1877.

10. — *Ueber die Ernährung der Keimlinge und die Bedeutung des Endosperms bei Viviparen Mangrovepflanzen*. Ann. Jard. bot. Buitenzorg., XII, p. 91, 1894.

11. Fr. Hildebrand. *Einige Beobachtungen an Keimlingen und Stecklingen*. Bot. Zeit., 8. Januar 1892.

12. Th. Irmisch. *Zur Naturgeschichte* von Melittis Melissophylum. Bot. Zeit., 6. August 1858.

13. — *Uber die Keimpflanzen* von Rhipsalis Cassytha *und deren Weiterbildung*. Bot. Zeit., 31. März 1876.

14. Ed. de Janczewski. *Études morphologiques sur le genre* Anemone. Revue gén. de Botan., IV, p. 241, 1892.

15. G. Klebs. *Beiträge zur Morphologie und Biologie der Keimung*. Unters. a. d. bot. Inst. zu Tübingen. Bd. I, S. 886, 1885.

16. Sir John Lubbock. *A Contribution to our Knowledge of Seedlings*. 2 vol, London, Kegan Paul, Trench, Trübner and Co, 1892.

17. H. Schenck. *Beiträge zur Biologie und Anatomie der Lianen*. I. Th. Biologie. Dans Schimper's Botanische Mittheilungen aus den Tropen. Jena, G. Fischer, 1892.

18. — *Ueber Jugendformen von Gymnospermen, speciell* von Larix europaea. Sitzungsber. d. Niederrhein. Ges. f. Natur- u. Heilkunde zu Bonn. 5 Juni 1893.

19. A. Trécul. *Recherches sur la structure et le développement du* Nuphar luteum. Ann. Sciences natur. (3), t. IV, p. 331, 1845.

20. — *Études anatomiques sur la* Victoria regia. Ibid. (4), t. I, p. 143, 1854.

21. M. Treub. *Notes sur l'embryogénie de quelques Orchidées*. Natuurk. verh. d. kon. Akad. Amsterdam, bd XIX, 1879.

22. H. de Vries. *Eine Methode, Zwangsdrehungen aufzusuchen*. Ber. d. deutschen bot. Ges. Bd XII, S. 25, 1894.

23. A. Winkler. *Ueber die Keimpflanze der* Mercurialis perennis. Flora, 1880, S. 339.

II. — ORGANOGÉNIE DE LA FEUILLE.

Nous avons dit en commençant que l'embryologie végétale peut être envisagée à deux points de vue : l'onto-génie de l'individu dans son ensemble, et l'organogénie de chacune de ses parties.

Pour vérifier si le principe de la récapitulation s'applique au développement des végétaux, l'organogénie des racines et des tiges offre peu de faits intéressants. Les racines se développent presque toujours directement et leur structure est du reste assez analogue dans tout le groupe des Phanérogames. Pourtant les *racines* de *Stratiotes aloides* présentent nettement de la récapitulation : les racines adultes sont complètement privées de vaisseaux, mais les parties voisines du point végétatif renferment des vaisseaux bien formés qui se désorganisent ultérieurement.

M. Schenck (**8**, vol. **2**) a montré que dans la *tige* de la plupart des lianes à structure anormale, la région jeune a la structure ordinaire des Dicotylédones. La récapitula-tion y est donc évidente. Il y a néanmoins certains types qui sont déjà anormaux dès l'origine. L'organogénie de beaucoup de tiges charnues a été étudiée par M. Goebel (**5**, vol. **1**). Quelques espèces d'*Euphorbia* et d'*Opuntia* ont des feuilles vertes près du point végétatif ; ces feuilles tombent bientôt et sont souvent remplacées par des épines[1]. A côté de ces espèces qui récapitulent,

_____

(1) Cette récapitulation organogénique est toute différente de la récapi-tulation ontogénique dont nous avons parlé à propos des *Phyllocactus*. Chez ceux-ci, le rameau n'offre les caractères ancestraux qu'au moment de sa naissance ; dès qu'il a atteint un certain âge, il cesse de former des

il en est beaucoup d'autres qui ne présentent aucune trace des feuilles vertes que possédaient les ancêtres.

Dans le présent travail, nous nous occuperons de l'organogénie de la feuille, et nous étudierons successivement la disposition des feuilles sur le rameau, leur forme et leur structure. Nous aurons aussi, à propos de la forme, à étudier quelques organes transitoires (glandes, stipules, etc.) : exemples d'intercalation dans l'organogénie, analogues aux exemples d'intercalation dans l'ontogénie, que nous ont offerts beaucoup de plantules.

Si l'ontogénie nous a donné peu d'exemples de récapitulation, l'organogénie en montrera moins encore ; c'est à peine si nous trouvons quelques cas où des particularités du développement peuvent être considérées comme des legs ancestraux. Dans la grande majorité des espèces, le développement foliaire est direct ; nous essaierons de montrer suivant quelles règles il s'accomplit.

Voici le procédé qui nous a servi dans nos recherches. Les objets fixés et débarassés de l'air par l'alcool, sont plongés un jour dans l'eau, puis un jour dans une solution aqueuse d'hydrate de chloral à 50 °/₀, puis un jour dans une solution à 100 °/₀. Les points végétatifs sont alors préparés sous le microscope simple et montés dans : Eau 100 c. c. ; glycérine, 16 c. c. ; hydrate de chloral, 100 gr. ; gomme arabique, 50 gr. Le lendemain, ils sont devenus tout à fait transparents. La même méthode convient parfaitement pour l'étude de l'organogénie de la fleur.

épines et des côtes (IV, 68, 70, 73) : le rameau récapitule dans son ensemble. Chez les *Euphorbia* et les *Opuntia* décrits par M. Goebel, toutes les portions d'un rameau ont été, pendant leur jeunesse, garnies de feuilles ancestrales : le rameau récapitule au fur et à mesure de sa croissance.

Le milieu conservateur durcit rapidement, et il est inutile
de luter les préparations.

1. Disposition des feuilles.

Les feuilles gardent le plus souvent la disposition
qu'elles avaient au point végétatif. Les feuilles de *Ceratophyllum* (IV, 61) naissent déjà en verticilles. Les
feuilles de *Cunonia*[1] (III, 43, 44, 45), de *Sambucus*
(III, 49), de *Cerastium*, etc., sont opposées dès leur
jeunesse. De même, les feuilles distiques des Graminées
(*Ammophila*, III, 55), d'*Iris*, d'*Hydrocotyle* (I, 14, 15),
de *Cicer* (I, 2), de *Vicia* (I, 5), *Lathyrus* (I, 4 à 7),
naissent sur deux rangs. Le fait est intéressant pour
l'*Hydrocotyle* et les Viciées; en effet, ces plantes appartiennent à des familles dont la plupart des types ont les
feuilles alternes et disposées suivant une spire. Les feuilles
alternes sont généralement alternes dès leur formation :
Spiraea (II, 24), *Acacia* (I, 8), *Ptarmica* (III, 42),
Araucaria (III, 56), etc.

Dans quelques rares cas, la disposition primitive des
feuilles est altérée dans la suite. Sur le point végétatif
de *Potamogeton densus* (III, 54), les feuilles naissent
alternes et distiques comme chez les autres *Potamogeton*.
Mais ultérieurement, les divers entrenœuds s'allongent
d'une façon très inégale : il y a alternativement un entrenœud qui s'accroît et un autre qui reste très court, de
sorte que les feuilles ont l'air d'être opposées (fig. 21).

_____

(1) Les rameaux de *Cunonia capensis* proviennent du Jardin botanique
de Gand et ont été mis obligeamment à notre disposition par M. le professeur F. Mac Leod.

L'*Eucalyptus Globulus*[1] porte dans le jeune âge des feuilles opposées qui naissent opposées (III, 53); sur la plante adulte, les feuilles sont alternes, mais elles naissent également opposées (III, 52), et n'aquièrent leur position alterne que lors de l'allongement de la tige (III, 51). Chez d'autres *Eucalyptus*, la disposition des feuilles au même niveau sur le point végétatif est moins bien marquée : les feuilles alternes d'*E. Raveretiana* et d'*E. Gunnii* naissent tantôt à peu près opposées, tantôt distinctement alternes; ces différences existent d'un rameau à l'autre d'un même exemplaire.

2. FORME DES FEUILLES.

Le développement de la forme des feuilles a été surtout étudié par M. Trécul (**10**), par Eichler (**2**) et par M. Bower (**1**).

Les feuilles naissent sur le point végétatif sous la forme d'un petit mamelon (feuille primordiale) qui se différencie ensuite. Eichler distingue à ce second stade : 1° La portion basilaire (Blattgrund) qui donne la gaine de la feuille ou bien la base du pétiole avec les stipules, 2° la portion supérieure (Oberblatt) dont proviennent le limbe et le pétiole. M. Bower a modifié cette terminologie : il appelle *phyllopode* tout l'axe de la feuille depuis la base jusqu'au sommet; la partie inférieure (Blattgrund d'Eichler) est appelée *hypopode;* la partie qui donne le pétiole est nommée *mésopode;* enfin, la portion qui supporte directement

---

(1) Les rameaux à feuilles alternes d'*Eucalyptus Globulus* proviennent du Jardin botanique de Liège et ont été mis obligeamment à notre disposition par M. le professeur A. Gravis.

les ramifications du limbe, est l'*épipode*. Il est à remarquer que le terme « phyllopode » désigne uniquement, chez M. Bower, l'axe de la feuille, à l'exclusion de ses ramifications.

Ce serait une erreur de croire que toutes les feuilles présentent cette distinction en un hypopode, un mésopode, un épipode et des ramifications; les feuilles les plus simples ne montrent rien de pareil. Il est possible que chez l'*Araucaria* (III, 56), cette disposition soit primitive; mais dans d'autres feuilles dont la simplification est probablement secondaire (*Sempervivum*, IV, 63, *Ceratophyllum*, IV, 61, 62), la distinction entre ces diverses portions fait néanmoins défaut dès l'origine. Ce n'est que dans les cas les plus typiques que les diverses portions du phyllopode sont nettement différenciées. Où sont, par exemple, le mésopode et l'hypopode dans une feuille de *Cobaea* (fig. 35). Nous verrons à propos de la position des stipules que l'hypopode et le mésopode ne sont pas non plus nettement distincts. A notre avis, la valeur morphologique de la terminologie de M. Bower consiste dans la distinction entre le phyllopode et les ramifications de celui-ci.

Examinons d'abord la formation de quelques organes qui servent à protéger les jeunes feuilles. Leur évolution présente deux traits communs : 1° ils naissent très tôt et sont complètement formés alors que le limbe foliaire est encore à l'état de méristème; 2° ils disparaissent (pour suppression d'emploi) dès que les tissus de la feuille n'ont plus besoin de protection.

A. *Organes transitoires*. Pendant leur période de développement, les jeunes feuilles ont à se garantir contre un grand nombre d'influences nuisibles : chaleur, lumière, pluie, animaux, etc.; aussi n'est-il pas étonnant que dans

la grande majorité des espèces, elles soient mises d'une
façon ou d'une autre à l'abri des risques extérieurs.
Beaucoup de moyens de protection ont été décrits dans
ces dernières années, particulièrement par M. Potter (6),
M. Groom (7) et M. Stahl (9).

Nous ne nous occuperons ici que des cas où la protection est effectuée par les jeunes feuilles elles-mêmes.

α. *Poils.* Les jeunes feuilles des plantes terrestres sont
souvent couvertes d'un feutrage de très longs poils : *Aruncus sylvester, Acacia myriobotrya. Æsculus Hippocasta-
num,* etc. (Dans nos dessins, les poils ont toujours été
négligés). Ces poils sont complètement formés et ont leur
paroi fortement épaissie lorsque la feuille elle-même est
à peine différenciée; ils tombent sans laisser de vestiges
dès que la feuille a pris un développement suffisant.

β. *Glandes terminales.* Chez diverses plantes aquatiques,
les segments des jeunes feuilles ses terminent par une
pointe effilée portant une glande dont les cellules renferment du tannin et une matière huileuse : *Myriophyllum,
Ceratophyllum* (IV, 62). Les segments de la feuille de
Hottonia palustris (III, 46 et 47) se terminent également
par un groupe de cellules à contenu huileux et tannifère, laissant au milieu d'elles un creux en forme d'en-
tonnoir, au fond duquel aboutit la nervure étalée en
pinceau ; cet organe fonctionne probablement comme un
stomate aquifère(1). Il ne nous paraît pas douteux que ces
glandes aient pour fonction de défendre les tissus tendres
des jeunes feuilles contre les mollusques et les autres
animaux aquatiques.

---

(1) Il n'est pas rare que les jeunes feuilles portent des stomates aquifères
auxquels aboutissent les ramifications de la nervure: *Hydrocotyle* (I, 17);
ils ne fonctionnent que pendant le jeune âge et se flétrissent bientôt.

γ. *Stipules*. Ce sont les organes les plus effiaces dans la défense des feuilles. Quoiqu'il ne manque pas de cas où la protection soit effectuée par les feuilles plus âgées qui s'enroulent autour des jeunes feuilles ou les recouvrent comme des capuchons (*Lathyrus tenuifolius*, I, 4, *L. Nissolia*, I, 7, *Spiraea Douglasi*, II, 24, *Eucalyptus Globulus*, III, 52 et 53, *Ammophila arenaria*, III, 55), on peut dire que dans la généralité des Dicotylédones, ce sont les stipules qui abritent les feuilles les plus tendres. Aussi ces organes sont-ils le plus souvent transitoires : leur fonction est terminée et ils tombent dès que la feuille est adulte.

Que représentent phylogéniquement les stipules? Il n'est pas possible de fournir à cette question une réponse décisive. L'organogénie montre qu'elles naissent d'ordinaire sous forme d'éminences placées à la base du phyllopode, de même que les segments du limbe naissent sous forme d'éminences placées plus haut sur le phyllopode. Il se pourrait donc que les stipules fussent simplement des segments spécialisés en vue de la protection. Toujours est-il que la différence d'origine entre les stipules et les folioles est loin d'être aussi tranchée qu'on l'admet en général : il est inexact que les segments du limbe naissent toujours de l'épipode, tandis que les stipules naîtraient seules de l'hypopode. Chez le *Lathyrus tingitanus* (I, 10) et le *L. hirsutus* (I, 9), les folioles latérales naissent en partie sur l'hypopode. Les stipules « soudées au pétiole » des *Rosa*, du *Potentilla fruticosa* (III, 36 et 37 et fig. 53, F) et du *Filipendula hexapetala* (II, 32 et fig. 53, E) se forment en partie sur le mésopode. Il en est de même des stipules « libres » du *Swainsonia coronillaefolia* (I, 12). Nous avons dit plus haut que les stipules de la première paire de feuilles de *Tropaeolum majus* (fig. 49) sont souvent tout entières sur le pétiole.

Dans les cas où la protection est le plus efficace, les stipules, souvent très spécialisées, abritent la feuille même dont elles dépendent (*Hydrocotyle*, I, 14 et 15, *Cunonia*, III, 43) : toutes les feuilles et le point végétatif lui-même sont recouvertes par les stipules; ailleurs, elles protègent seulement les feuilles plus jeunes que celles dont elles font partie (*Lathyrus pratensis*, I, 13, *Sorbaria sorbifolia*, II, 29); enfin il ne manque pas d'espèces dont les stipules réduites ne jouent plus qu'un rôle effacé (*Lathyrus Nissolia*, I, 7, *Sambucus*). Eichler donne une longue liste (2 p. 26) dans laquelle il indique, d'après ses observations et d'après celles de M. Trécul (10), à quel moment naissent les stipules relativement au limbe : tantôt elles se forment avant ou pendant que l'épipode se ramifie; tantôt elles prennent naissance après que la ramification principale de l'épipode est déjà terminée. Essayons de déduire quelques règles des nombreux faits connus.

† *Lorsque les stipules protègent leur propre feuille, elles naissent et se développent avant la différenciation du phyllopode en hypopode et épipode.* Chez l'*Hydrocotyle* (I, 14 et 15), la première ébauche des stipules est constituée par un bourrelet qui fait tout le tour du point végétatif (I, 14 B); le bourrelet s'accroît beaucoup, de façon à former un capuchon qui recouvre aussi bien le point végétatif que la petite éminence représentant la feuille (I, 15 B et b. s.); celle-ci n'a pas encore le moindre vestige de ramification. Plus tard, l'entrenœud s'allonge, écarte les stipules et la feuille peut enfin s'étaler.

Les stipules de *Cunonia capensis* sont encore plus spécialisées. Elles constituent à l'extrémité de chacun des rameaux de l'arbre deux lames foliacées, appliquées l'une contre l'autre. Lorsqu'on écarte ces lames ou qu'on enlève l'une d'elles (III, 43), on constate que la portion inférieure et médiane de leur face interne est recouverte d'un enduit[1] blanc (cireux ou résineux?) soluble dans l'éther; la masse pâteuse cache les deux limbes foliaires encore rudimentaires entre lesquels se trouvent deux nouvelles lames beaucoup plus petites, souvent à peine visibles. La position des lames foliacées et la comparaison avec les types voisins de la famille des Saxifragacées montre que ce sont des stipules : chaque lame est formée phylogéniquement par la soudure de deux stipules appartenant chacune à l'une des feuilles. Lors de l'épanouissement des feuilles, celles-ci écartent les stipules qui se recourbent vers le dehors et tombent bientôt en laissant une cicatrice circulaire à la base de la paire de feuilles.

Voyons maintenant comment se forment ces stipules. Sur un point végétatif très jeune (III, 45 C), on les voit apparaître sous forme de deux petits mamelons qui sont suivis bientôt de deux autres mamelons (les futures feuilles) décussés avec les premiers (III, 44 D). Contrairement à l'opinion généralement reçue[2], les stipules se forment

(1) L'enduit est sécrété par des glandes stipitées très nombreuses, répandues sur la portion inférieure et médiane de la surface interne des stipules, ainsi que sur les jeunes limbes. Ces glandes meurent bientôt : c'est un exemple typique d'organe transitoire intercalé dans le développement de la feuille.

(2) M. Goebel (4 p. 230) dit : « Die zeitliche Entstehung der Stipulæ ist keine fest bestimmte, sie erfolgt aber immer erst nach der Differenzirung des Primordialblattes in Blattgrund und Oberblatt, entweder vor oder nach Anlegung der Glieder erster Ordnung an der Spreitenanlage ». Or les mamelons stipulaires de *Cunonia* se montrent certainement avant les mamelons foliaires.

ici avant la première ébauche du phyllopode. Ajoutons
que les mamelons stipulaires ne montrent dans leur évolution aucune trace de la « soudure » des deux stipules dont
dérive chacune des stipules de *Cunonia* : ces organes sont
simples dès l'origine.

†† *Lorsque les stipules ne protègent que les feuilles plus
jeunes qu'elles, elles naissent avant ou pendant la ramification de l'épipode.* Le plus souvent, elles naissent avant
que l'épipode ne montre de mamelons latéraux : *Cicer*
(I,2), *Vicia* (I,3), *Lathyrus pratensis* (I,13), *Phaseolus*
(I,11), *Swainsonia* (I,12), *Sorbaria sorlifolia* (II,29), etc.
Parfois elles se forment pendant que l'épipode se ramifie :
Filipendula hexapetala (II, 32), *F. Ulmaria* (II,34, 35),
Ranunculus aquatilis (IV, 59, 60); enfin, Eichler cite
des Ombellifères chez lesquelles les stipules naîtraient
après que la ramification du premier degré est terminée
(*Heracleum*, *Ægopodium*, etc.). Nous n'avons pas eu
l'occasion de vérifier ce point qui nous paraît douteux.

††† *Lorsque la fonction protectrice des stipules est peu
importante, elles naissent après que l'épipode s'est ramifié.*
C'est ce qui se produit pour les feuilles assimilatrices de
Rosa (II, 22). Nous ignorons comment se développent les
feuilles basilaires et les feuilles apicales des rameaux de
Rosa.

†††† *Lorsque les stipules n'ont plus aucun rôle de protection, le début de leur formation est encore plus tardif;
souvent même elles n'apparaissent plus du tout.* Des stipules très réduites et tardives se rencontrent chez le *Lathyrus
Nissolia* (I, 7), chez les *Sambucus* (III, 48, 49 et 50). Les
espèces de ce dernier genre sont très intéressantes : le *S.
Ebulus* a normalement de petites stipules sans importance ;
celles du *S. nigra* sont, quand elles existent, transformées

en nectaires, mais dans ce cas, elles ne fonctionnent naturellement qu'après l'épanouissement de la feuille. Chez les
diverses espèces, leur formation débute seulement lorsque
la feuille forme ses ramifications du second degré. Enfin
on connait des plantes dont certaines feuilles sont privées
de stipules, quoique les autres feuilles possèdent ces
organes : *Tropaeolum majus* (feuilles postérieures à celles
de la première paire, II, 18), *Lathyrus tenuifolius* (feuilles
de la plantule, I, 4 et 5) : dans l'organogénie de ces
feuilles, les stipules ne sont pas même ébauchées.

En résumé, nous pouvons dire que *les stipules protec-
trices naissent d'autant plus tôt, qu'elles doivent fonctionner
plus tôt.*

*
* *

A côté des stipules transitoires à fonction uniquement
protectrice, il en est d'autres qui ont un rôle d'assimilation : ce sont, par exemple, les stipules de *Lathyrus Aphaca*
et celles des Rubiacées de nos régions. Les stipules de
L. Aphaca sont les organes d'assimilation essentiels de la
plante adulte : elles naissent très tôt (I, 6). Quant aux
stipules des Rubiacées, elles débutent sur le bourrelet circulaire aux dépens duquel se forme toutes les feuilles et
stipules d'un verticille; chez les *Galium* étudiés par
M. Trécul (10), par Eichler (2) et par M. Goebel (5), les
deux feuilles opposées sont ébauchées avant les stipules.
Au contraire, chez le *Sherardia arvensis* (I, 1), stipules et
feuilles se forment en même temps. Le *Lathyrus Aphaca*
et les Rubiacées nous fournissent de nouveaux exemples
de la formation d'autant plus hâtive d'un organe que son
importance fonctionnelle est plus grande.

*
* *

B. *Limbe foliaire.* On sait qu'à l'exception des Palmiers

(3) et de quelques Aroïdées, dans lesquels la feuille se déchire[1], la segmentation du limbe est le résultat d'une véritable ramification. Celle-ci est le plus souvent latérale, mais il est pourtant des cas non douteux où elle est terminale et dichotomique. Il n'est du reste pas possible d'indiquer nettement la différence entre la ramification terminale et la ramification latérale.

α. Ramification terminale. L'exemple le plus frappant est fourni par le *Ceratophyllum demersum.* Les feuilles naissent en verticilles et les éminences foliaires subissent bientôt une première dichotomie (IV, 61 D), puis chacune des branches se divise encore, de façon à constituer un ensemble à quatre lobes (IV, 61 B et A, et 62). Les feuilles d'*Utricularia vulgaris* subissent, d'après nous, une première ramification par dichotomie[2] (IV, 57); les ramifications ultérieures sont latérales (IV, 58). Chez le *Ranunculus aquatilis* (IV, 59 et 60), nait d'abord latéralement une paire d'éminences qui se divisent ensuite par dichotomie.

β. Ramification latérale[3]. L'ordre dans lequel nais-

---

(1) Un déchirement analogue se fait chez plusieurs *Laminaria* et genres voisins. Certains Basidiomycètes présentent aussi quelque chose de comparable : le chapeau jeune de *Clitocybe laccata* a des bords entiers ; plus tard il s'y produit des déchirures radiales.

(2) M. Goebel (4 p. 227) dit : « Eine Dichotomie im strengen Sinne des Wortes findet auch bei *Utricularia* nicht statt : der obere Blattleppen entsteht etwas vor dem untern. » Nous pensons qu'en réalité les deux rameaux naissent en même temps (par division du point végétatif propre de la feuille), mais ils ne croissent pas également vite.

(3) Pour la facilité de l'exposition, nous appellerons « lobes » tous les rameaux de la feuille, quelle que soit la profondeur des découpures du limbe : les dents, les segments et les folioles. Il y a des lobes de divers degrés : ceux du premier degré sont portés par le phyllopode et portent, à leur tour, les lobes du second degré.

sent les lobes du phyllopode est assez variable; il est *acropète*, lorsque les lobes les plus anciens sont à la base et que
les nouveaux lobes naissent progressivement au-dessus de
ceux-ci vers l'extrémité distale du phyllopode : *Cicer* (I, 2),
Vicia (I, 3), *Swainsonia* (I, 12), *Sorbaria* (II, 21), *Holodiscus discolor* (II, 31), *Sambucus Ebulus* (III, 48), etc;
— L'ordre est *basipète*, lorsque les lobes les premiers
formés sont au sommet et que la naissance de nouveaux
lobes se poursuit vers la base : *Hottonia* (III, 46 et 47),
Rosa (II, 22), *Sambucus nigra* (III, 49), etc.; — il est
divergent, lorsque les lobes les plus anciens se trouvent
vers la portion moyenne du phyllopode, et que la formation de nouveaux lobes procède de là vers le sommet (lobes
acropètes) et vers la base (lobes basipètes); mais la production de lobes acropètes et la production de lobes basipètes
ne sont pas toujours simultanées : le plus souvent, les
lobes du sommet sont formés avant ceux de la base et le
phyllopode continue à donner des lobes basipètes longtemps après que sa portion distale a cessé de se ramifier :
Achillaea (III, 40 et 41), *Ptarmica* (III, 42), etc.; — nous
croyons qu'il est utile d'admettre avec Eichler, contrairement à l'avis de M. Goebel (4 p. 227), un quatrième type;
la ramification *parallèle*, dans laquelle, après les deux
rangées de lobes latéraux, il se forme deux nouvelles rangées plus rapprochées du milieu; la chose se voit très nettement chez le *Filipendula* (II, 34). Ce dernier mode de
ramification existe même chez des feuilles qui ne portent
qu'un petit nombre de rameaux: chez le *Potentilla fruticosa* (fig. 53, F), les feuilles n'ont souvent que deux paires
de lobes : il nait d'abord une paire de lobes latéraux (III,
36), puis, entre ceux-ci, une nouvelle paire de lobes (III,
37). La ramification *cyclique* d'Eichler — mode suivant

lequel se forment les feuilles peltées : *Hydrocotyle* (I, 14
à 17), *Tropaelum*(II, 18) — et la ramification *ternée* —
dans laquelle il ne se produit qu'une paire de lobes
latéraux : *Phaseolus* (I, 11), *Ranunculus* (IV, 59 et 60)
— ne sont, comme le fait remarquer M. Goebel (4 p. 227),
que des cas particuliers des types que nous venons de
passer en revue.

On peut appliquer à la formation des lobes du deuxième
degré et à la formation des lobes du troisième degré, ce
que nous venons de dire pour les lobes du premier
degré[1]. Leur ordre de naissance peut être acropète
(*Filipendula* II, 33), basipète (*Sambucus nigra*) ou divergent (*Achillaea*, III, 41, *Sorbaria*, II, 30).

Les stipules se ramifient parfois aussi ; nous n'avons
observé que des cas de ramification basipète : *Sorbaria*
(II, 29), *Filipendula* (II, 33).

Dans une même feuille, la formation des lobes des
divers degrés ne suit pas nécessairement le même type :
chez le *Filipendula hexapetala* (II, 32 et 33), la formation des lobes du premier degré est divergente-parallèle ;
celle des lobes du deuxième degré est acropète ; enfin, la
ramification des stipules est basipète. Chez le *Sorbaria*,

---

(1) Il n'est pas toujours facile, ni même possible, de distinguer les lobes
des divers degrés, surtout lorsque les échancrures du limbe sont peu
profondes : *Spiraea chamaedryfolia* et sa variété *ulmifolia* (fig. 53 A, B
et II, 25 à 28). La même difficulté existe pour les ramifications de la feuille
de *Sambucus nigra laciniata* (fig. 52 C et III, 50) : les deux paires
inférieures de segments (à formation basipète) sont incontestablement du
premier degré ; mais les segments placés au-dessus de ceux-ci (et à formation acropète) peuvent être considérés comme des lobes du premier
degré ou comme des lobes du segment terminal (et partant, du deuxième
degré).

la ramification du premier degré est acropète ; celle du
second degré, divergente ; celle des stipules, basipète
(II, 29 et 30).

* *

Tous ces divers modes de développement doivent être
considérés comme dérivant du type acropète. Nous voyons,
en effet, que les organes végétaux à croissance indéfinie
(tiges, racines) se ramifient toujours suivant ce type ; les
autres modes ne se rencontrent que dans des organes à
croissance limitée (placenta, étamines, feuilles). La relation
qui lie le mode — défini ou indéfini — de croissance, et le
type de développement, se voit dans certains *cladodes*,
rameaux assimilateurs à croissance limitée comme celle des
feuilles. Ce sont, à notre connaissance, les seules tiges à
ramification basipète : chez l'*Asparagus plumosus*, on voit
le bourgeon axillaire des feuilles réduites donner des ramifications latérales basipètes (II, 19) ; les rameaux sont donc
de plus en plus jeunes à mesure qu'on se rapproche du
point d'insertion du bourgeon (II, 20). A l'état adulte,
les rameaux les derniers formés sont plus petits que
les premiers. Les cladodes de *Phyllocactus*, *Phyllanthus*,
Xylophylla, ont conservé le type acropète de développement.

* *

Demandons-nous maintenant à quoi tiennent les différences qu'on observe d'une plante à l'autre dans le type
de développement de la feuille : ébauchons une *étiologie*
du développement foliaire. D'une façon générale, on peut
affirmer que *les lobes qui se forment les premiers devien-*

nent les plus grands, ou, ce qui revient presque au même, que *les lobes destinés à devenir les plus grands naissent les premiers* [1].

Le *Sambucus Ebulus* est la seule espèce du genre dont les segments du premier degré soient de taille graduelle-

Fig. 52. — A. *Sambucus racemosa.* — B. *S. nigra.* — C. *S. nigra laciniata.* — D. *S. Ebulus* (1/4). — (Photographies directes de feuilles).

ment décroissante de la base vers le sommet de la feuille (fig. 52 D). Les *S. nigra, nigra laciniata, canadensis* et *racemosa* (fig. 52, A, B, C), ont au contraire les segments

---

(1) Nous discuterons les deux énoncés à la fin du travail.

supérieurs plus grands que les inférieurs. La différence
de taille n'est pas très marquée, mais elle n'en influe pas
moins sur le type de ramification des feuilles : acropète
chez le *S. Ebulus* (III, 48), il est basipète chez tous les
autres (III, 49 et 50). Toutes les espèces, à l'exception du
S. nigra laciniata, ont les segments finement dentés ; les
dents les plus grandes sont au sommet, les plus petites à
la base des segments : leur ordre de développement est
basipète. Le *S. nigra laciniata* a les segments profondément
découpés et segmentés à leur tour; les divisions deviennent
de plus en plus petites à mesure qu'on se rapproche du
sommet des segments : leur formation est acropète. Le
S. nigra laciniata dérive probablement du *S. nigra* type ;
il est curieux de voir qu'en modifiant leur forme, les
feuilles ont aussi changé complètement leur type de
croissance : il y a donc ici absence complète de récapitulation.

Le *Filipendula hexapetala* a, comme nous l'avons vu,
des feuilles dont le développement est assez compliqué.
La feuille adulte (fig. 53, E) présente entre les deux
rangées de segments latéraux, d'autres segments plus
petits : l'organogénie montre que ces petits segments se
forment après ceux des grandes rangées et en dedans d'eux
(II, 33). Les segments des deux rangées principales n'ont
pas tous les mêmes dimensions; les segments les plus
proches du sommet de la feuille sont moins grands que
ceux du milieu : ils se forment plus tard (II, 32). Les
segments de la base sont plus petits encore : ils continuent
à se former longtemps après que le sommet du phyllopode
a cessé de produire de nouveaux mamelons (II, 32). Les
segments latéraux se ramifient à leur tour; leurs divisions
décroissent de taille de la base au sommet de chaque

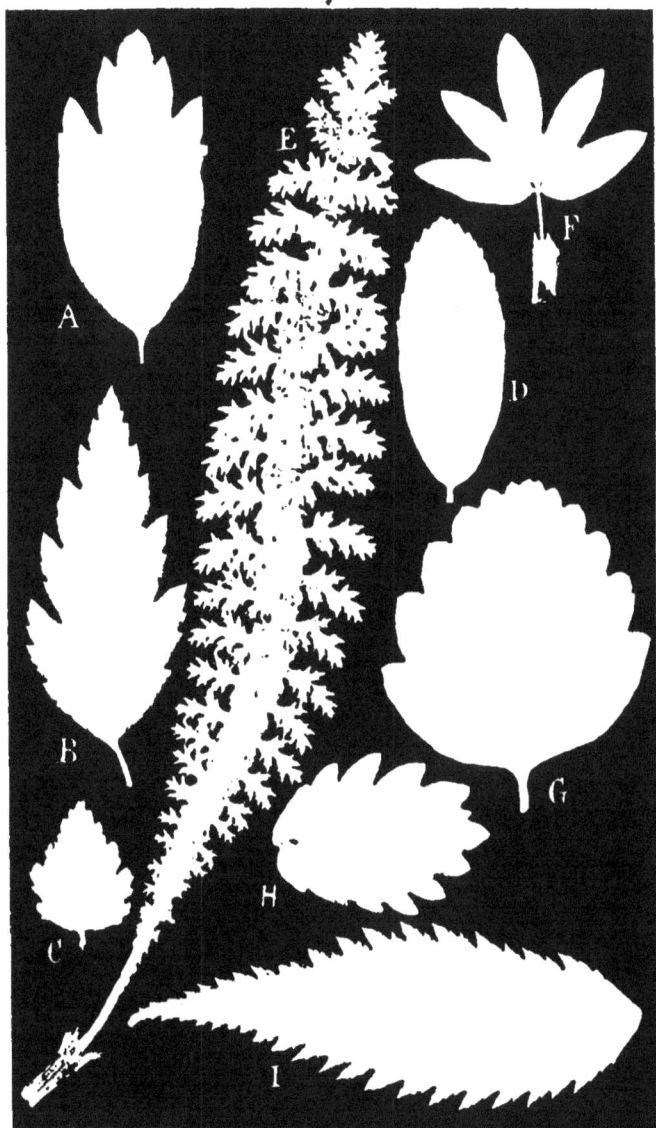

Fig. 53. — A. *Spiraea chamaedryfolia*. — B. *Sp. chamaedryfolia ulmifolia*. — C. *Sp. bullata*. — D. *Sp. Douglasi*. — E. *Filipendula hexapetala*. (*Sp. Filipendula*). — F. *Potentilla fruticosa*. — G. *Holodiscus discolor* (*Sp. ariaefolia*). — H. *Agrimonia Eupatoria* (segment du premier degré). — I. *Sorbaria sorbifolia* (*Sp. sorbifolia*). (segment du premier degré). (1/1). — (Photographies directes de feuilles).

segment : leur formation est acropète. Les plus étendues
de ces divisions ont une plus grande surface que les plus
petits segments de la base de la feuille : elles naissent
avant ceux-ci.

Chez les *Spiraea chamaedryfolia*, *S. chamaedryfolia
ulmifolia*, *S. bullata* et *S. Douglasi* (fig. 52 A, B, C, D), les
dents foliaires sont peu accusées ; en règle générale, les dents
les plus proches du sommet et de la base sont plus petites
que celles du milieu de la feuille : généralement aussi leur
formation est du type divergent. Mais la variabilité individuelle est assez étendue : l'importance fonctionnelle de
ces dents est si faible que la sélection naturelle n'intervient
plus guère pour fixer telle ou telle variation. Le développement (II, 24 à 28 et III, 38) réflète le défaut de fixité de
la forme : les dents naissent presque en même temps à
une époque tardive du développement de la feuille. Il
n'est pas rare que les premières dents formées soient celles
du sommet ou de la base (II, 24 C et II, 28) : le type de
ramification devient ainsi basipète ou acropète[1].

L'organogénie de la feuille d'*Holodiscus* (II, 31)
montre aussi le parallélisme entre le développement et la
forme définitive (fig. 53 G). De même, pour la feuille de
Sorbaria. Les segments primaires sont graduellement
décroissants vers le sommet de la feuille : ils sont acro-

---

(1) Le genre *Spiraea* est depuis les observations de M. Trécul (**10**), un
exemple classique des différences que montre l'organogénie de la feuille
chez des espèces d'un même genre. Mais, depuis lors, ce genre a été
complètement démembré : certaines espèces sont devenues des Poten-
tillées ; d'autres, des Sanguisorbées ; d'autres encore ont été transportées
dans des genres voisins de la tribu des Spiréées. Mais le genre *Sambucus*
offre d'excellents exemples de variations organogéniques étendues, d'une
espèce à l'autre.

pètes (II, 29); les dents de ces segments sont le plus longues vers le milieu (fig. 53, I) : elle se développent suivant le type divergent (II, 30).

Sur les segments d'*Agrimonia* (fig. 53, H), les dents voisines du sommet sont les plus grandes : elles naissent d'après le mode basipète. Mais il n'est pas rare de rencontrer tout à côté du sommet une dent plus petite que les autres : celle-ci se forme tardivement (III, 39).

Chez le *Potentilla fruticosa*, la paire de segments née en dernier lieu (III, 36 et 37), reste plus petite que la première paire (fig. 53, F).

Quelle que soit la famille à laquelle elle appartiennent, les feuilles « palmatinerves » ont les lobes inférieurs plus petits que les supérieurs (*Alchemilla*, *Lupinus*, *Æsculus*, *Hydrocotyle*, *Tropaeolum*, etc.) : leur développement est toujours basipète (I, 16 et 17, II, 18) même chez les *Lupinus* et l'*Hydrocotyle* qui appartiennent à des familles dont tous les autres représentants ont des feuilles à ramification acropète.

Les stipelles de *Phaseolus* et de *Dolichos*, qui sont probablement des folioles réduites, naissent longtemps après les folioles assimilatrices (I, 11).

Comparons maintenant deux plantes voisines (fig. 54), dont l'une a des feuilles profondément découpées, tandis que l'autre a les lobes moins accusés. Si réellement l'ordre de formation des lobes dépend de la taille qu'ils sont destinés à atteindre, il faudra que la ramification débute plus tôt sur la feuille d'*Achillaea* que sur celles de *Ptarmica*; c'est en effet ce qui a lieu. Les figures 40 et 42 de la planche III sont dessinées au même grossissement : on voit qu'à taille égale des jeunes feuilles, la ramification du phyllopode est plus avancée chez l'*Achil-*

laea Tournefortii III, 40) que chez le *Ptarmica alpina* III, 42). La différence est plus manifeste encore, lorsqu'on compare *Achillaea Millefolium* et *Ptarmica vulgaris*. La comparaison du *Sambucus nigra* et de sa variété *laciniata* fournit des conclusions analogues.

**

* * *

Le mode de développement de la feuille est donc déterminé par la forme de la feuille adulte bien plutôt que par la forme ancestrale, ce qui exclut naturellement toute idée de récapitulation. Il y a pourtant quelques *exceptions à cette règle*.

Dans la généralité des Composées et particulièrement chez les *Achillaea*, les feuilles ont les plus grands lobes dans leur portion moyenne, et le développement est divergent. Mais les feuilles de *Ptarmica alpina* (fig. 54, B) ont tous les lobes sensiblement égaux : néanmoins le développement est resté divergent (III, 42). Les feuilles d'*Achillaea Tourne-*

Fig. 54. — A. *Achillaea Tournefortii.* — B. *Ptarmica alpina* (1/1). — (Photographies directes des feuilles).

fortii (fig. 54, A) portent près de la base des segments plus longs que ceux qui se trouvent immédiatement au-dessus d'eux : néanmoins le développement de la feuille

est régulièrement divergent (III, 40 et 41) et les segments
basilaires, quoique plus grands, se forment après ceux qui
sont au-dessus d'eux. Dans ces deux cas, le type de ramification doit être considéré comme une survivance d'espèces chez lesquelles le développement divergent corres-
pondait à la forme des feuilles.

D'après M. Trécul (**10**), les segments de la feuille de
Podophyllum peltatum se développent tous en même
temps ; les segments inférieurs sont pourtant plus petits que
les segments supérieurs. Cette plante devrait être réétudiée

M. Goebel (**4** p. 254) signale comme exemple de récapitulation dans l'organogénie, les feuilles peltées d'*Hydrocotyle*, *Umbilicus*, *Tropaeolum*, etc. De ce que, à l'état
embryonnaire, les découpures du limbe soient plus pronon-
cées qu'à l'état adulte (I, 14 à 17, II, 18), il déduit que
ces plantes répètent une forme ancestrale dont les feuilles
étaient plus profondément divisées. Remarquons toutefois
que les feuilles peltées commencent par avoir l'épipode
nettement lobé, même chez l'*Umbilicus* (**10**) dont les
voisins (*Sempervivum*, *Crassula*, *Echeveria*) ont des
feuilles entières à tous les moments de leur développement
(IV, 63). En outre, les feuilles peltées (excepté *Podophyllum?*) ont, comme toutes les feuilles palmatinerves, la
ramification basipète, même chez l'*Hydrocotyle*, alors que
toutes les autres Ombellifères l'ont acropète. La segmentation des feuilles peltées à l'état embryonnaire ne peut
donc point être citée comme un exemple probant de récapitulation.

⁎
⁎ ⁎

Étudions maintenant l'organogénie de quelques *feuilles
plus spécialisées.*

6

Il existe, parmi les Légumineuses, de nombreuses
espèces qui ont des feuilles incomplètes : chez toutes, le
développement est direct et privé de toute trace de récapitulation : les phyllodes d'*Acacia* (I, 8), les feuilles de
Lathyrus Nissolia (l, 7), de *Lathyrus Aphaca* (I, 6), les
feuilles primaires de *Lathyrus tenuifolius* (I, 4), n'ont à
aucun moment de leur évolution le moindre vestige de
folioles latérales. Le fait est d'autant plus remarquable
qu'il existe des folioles sur les feuilles primaires de *Lathyrus
Aphaca* (fig. 57) et d'*Acacia*, et sur les feuilles définitives
de *L. tenuifolius* (fig. 39). Cette dernière espèce donne,
après les feuilles primaires très simples, des feuilles pourvues de quelques vrilles ou folioles; mais les unes et les
autres sont privées de stipules, aussi bien à l'état embryonnaire qu'à l'âge adulte (I, 5).

Les vrilles sont considérées par M. Goebel comme des
exemples typiques de récapitulation dans l'organogénie.
Parlant des vrilles de *Cobaea scandens* (4 p. 431.) il dit :
« Es haben die Ranken nicht nur den « morphologischen
Werth » von Blattheilen, sie sind morphologisch thatsäch-
lich während eines jugendlichen Entwickelungsstadiums
nichts anderes als Blattorgane ». En effet, lorsqu'on
compare le développement d'une feuille de *Vicia* avec
vrille terminale (I, 3) à celui d'une feuille imparipennée
de *Cicer* (I, 2), on constate une très grande analogie
de forme pendant la jeunesse; mais, à ce stade, les lobes
ne sont pas encore différenciés, les uns en folioles, les
autres en vrilles, de sorte qu'en réalité, on n'assiste pas
à la transformation de folioles en vrilles.

Avant les feuilles pourvues d'une vrille, beaucoup de
Papilionacées donnent des feuilles terminées par une
petite pointe qui est phylogéniquement une foliole réduite

(fig. 36 et 41). Le développement de ces feuilles (I, 10 et 13) montre que, dans le jeune âge, le lobe terminal est aussi développé que les lobes latéraux; mais encore une fois, c'est à une phase où la différenciation n'est pas accomplie. Chez le *Lathyrus hirsutus* (I, 9), on observe parfois que le lobe terminal se développe en une petite foliole, analogue à celle qui existe chez plusieurs *Orobus*.

En résumé, on peut dire que chez ces Papilionacées à feuilles paripennées ou terminées en vrille, les premières phases organogéniques sont les mêmes que celles d'une feuille imparipennée, ce qui est inévitable; mais les différences sont nettes dès le moment où les divers segments se spécialisent.

Les feuilles primaires rubanées de *Sagittaria* et d'*Alisma* qui, phylogéniquement, dérivent des feuilles moyennes, ne ressemblent à celles-ci à aucun moment du développement.

Il existe, dans plusieurs familles, des feuilles dont les bords sont enroulés en dessous : *Calluna*, *Erica*, *Andromeda*, *Empetrum*, *Oxycoccos*, etc. Cette disposition existe toujours depuis la jeunesse de la feuille (II, 21).

Les feuilles charnues de *Sempervivum* (IV, 63), de *Sedum*, de *Mesembryanthemum* (voir Goebel, 5) se développent directement sans aucun rappel ancestral.

Beaucoup de Graminées des dunes : *Agropyrum*, *Ammophila*, (III, 55) ont des côtes longitudinales sur la face supérieure de la feuille : elles existent dès le jeune âge.

Les feuilles de l'*Eucalyptus Globulus* adulte ne diffèrent pas seulement des feuilles primaires par leur disposition alterne, mais encore pas leur structure (voir plus loin) et par leur forme: elles ont un long pétiole et sont falciformes.

Dans le jeune âge, elles sont symétriques (III, 52) et ressemblent aux feuilles primaires (III, 53), bientôt leur
pétiole s'allonge, et il se produit une aile membaneuse sur
sa face externe. L'organogénie des feuilles d'*Eucalyptus*
montre donc nettement de la récapitulation dans leur
disposition et leur forme.

3. STRUCTURE DES FEUILLES.

A. *Parenchyme.* — La grande majorité des feuilles ont le
parenchyme disposé d'une façon identique : du tissu
palissadique à la face supérieure, du tissu lacuneux à la
face inférieure. Mais il existe d'assez nombreuses feuilles
à structure aberrante, parmi lesquelles, les feuilles *équi-
faciales*[1] qui ont le parenchyme disposé de la même
façon sur les deux faces. Il n'est pas douteux que phylogéniquement ces feuilles proviennent de types à structure
normale. Nous avons étudié le développement des feuilles
de *Fabricia laevigata, Eucalyptus Globulus* (feuilles falciformes), *Honckeneya peploides, Scorpiurus muricatus,
Eryngium maritimum* et *Halimus portulacoides :* du
méristème primitif dérive directement le parenchyme à
structure équifaciale sans jamais passer par un stade
ancestral.

Les feuilles de *Lotus corniculatus crassifolius* ont une
structure presque équifaciale : le tissu lacuneux est dense
et diffère peu du tissu palissadique ; l'organogénie de ces
feuilles montre qu'à un stade peu avancé, la différence

---

(1) La dénomination « équifaciale » nous paraît convenir à cette
structure mieux que les termes « centrique » ou « isolatérale » qui ont
été employés jusqu'ici.

entre le tissu lacuneux et le tissu palissadique est plus
marquée qu'à l'état adulte. Les individus qui croissent
dans les fonds humides des dunes, ont à la face inférieure
de leurs feuilles, à peine épaissies, un parenchyme
lacuneux très nettement distinct du tissu palissadique. Il
nous paraît très probable que la structure presque équifaciale des individus qui vivent sur les flancs arides des
dunes, est due à l'adaptation individuelle : les jeunes
feuilles protégées par leurs aînées ont la structure ordinaire des organes foliaires; mais dès qu'elles sont soumises
à la transpiration, leur évolution s'accomplit différemment
et elles acquièrent une structure mieux adaptée à leurs
nouvelles conditions d'existence.

La feuille d'*Iris setosa*, *I. florentina*, etc., et de
Narthecium ossifragum doit être considérée phylogéniquement comme le produit de la soudure des deux moitiés de
la feuille par leur face supérieure. L'évolution de ces
feuilles est tout à fait directe et l'organogénie ne présente
pas le moindre vestige de la phylogénie.

Certains *Alstroemeria*, le *Brachypodium sylvaticum* et
l'*Allium ursinum* ont une particularité curieuse : les feuilles sont *tordues* de telle façon que la face inférieure
regarde en haut, et la face supérieure, en bas; la disposition du parenchyme vert est telle que le tissu lacuneux se
trouve contre la face morphologiquement supérieure (fonctionnellement inférieure) et le tissu palissadique contre la
face inférieure (fonctionnellement supérieure); celle-ci
porte moins de stomates que la première. Nous avons
étudié le développement des feuilles d'*Alstroemeria
aurantiaca* : dans le bourgeon, les feuilles sont disposées
à la façon ordinaire : la face supérieure concave tournée
en dedans, la face inférieure convexe dirigée en dehors.

Dès le début de la différenciation du méristème primitif, on voit nettement se former la structure définitive, sans aucun rappel de la structure ancestrale.

B. *Faisceaux.* — La différenciation des faisceaux au sein du méristème progresse généralement dans le même ordre que la ramification de la feuille. Ainsi, les feuilles à ramification divergente d'*Achillaea* ont déjà des vaisseaux dans la région moyenne de la feuille avant d'en avoir à la base ou au sommet : la formation des vaisseaux est donc également *divergente*. Dans d'autres plantes, elle est *convergente* (ce qui n'existe jamais pour la ramification) : dans le phyllopode de la feuille de *Sambucus canadensis*, les premiers vaisseaux apparaissent à la base et ils progressent vers le haut; lorsqu'ils sont arrivés aux deux tiers supérieurs, ils sont rejoints par d'autres vaisseaux dont la formation a débuté au sommet. Nous avons aussi rencontré quelques exemples de formation manifestement *basipète*, surtout dans les feuilles pourvues de stomates aquifères terminaux et dont le faisceau s'étale en éventail au sommet (*Hottonia*, III, 47). Chez le plus grand nombre de plantes, la différenciation des faisceaux est *acropète*, ce qui est sans doute le type primitif. Ce mode de formation existe non seulement dans les feuilles à ramification acropète (*Vicia*, I, 3, *Holodiscus*, II, 31), mais encore dans des feuilles dont la croissance et la ramification sont nettement basipètes. (*Potamogeton densus*, segments de la feuille de *Sambucus canadensis*.)

Nous avons vu plus haut que le type de développement des lobes secondaires est loin d'être toujours le même que celui des lobes primaires. Des différences analogues existent pour la formation des faisceaux. Ainsi, chez le *Sambucus canadensis*, la formation du faisceau, convergente dans le pétiole, est acropète dans les segments de la feuille.

Dans les feuilles alternes d'*Eucalyptus Globulus* et d'*E. Raveretiana*, la nervure principale et les deux nervures marginales sont acropètes. Mais, entre celles-ci, naissent de petites nervures qui les sont communiqués ; leur formation débute au sommet de la feuille et non à la base. En même temps que se produisent les petites nervures de communication, il se forme encore au sommet de la feuille des glandes internes à contenu huileux, qui progressent comme les nervures du sommet vers la base. Chez ces *Eucalyptus*, la feuille est donc d'abord acropète, mais sa spécialisation définitive est basipète[1]. Ce sont les parties distales qui émergent *d'abord* du bourgeon en voie de développement; elles sont exposées les premières à la transpiration, et c'est là que se forment les premières glandes à huile volatile. Ceci n'est qu'un cas particulier d'une règle plus générale dont nous avons déjà vu les applications à propos des organes transitoires : les organes se forment dans l'ordre de leur fonctionnement.

RÉSUMÉ ET CONCLUSIONS.

Nous n'avons trouvé d'exemple bien net de récapitulation que dans le développement des feuilles alternes et falciformes d'*Eucalyptus Globulus* adulte : les feuilles naissent opposées et symétriques comme celles de la plante jeune. Même ici, la récapitulation est incomplète : l'évolution de la structure interne de ces feuilles est tout à fait directe.

Chez certains *Achillaea* et *Ptarmica*, le type de ramification de la feuille est le même que celui des espèces

---

[1] On sait que la feuille des *Sphagnum* est aussi d'abord acropète, tandis que sa différenciation ultérieure est basipète.

voisines, et non pas celui que faisait prévoir la forme de
la feuille adulte : ici encore, nous avons probablement
affaire à un legs ancestral.   .

Enfin dans l'organogénie des feuilles de *Lotus cornicul-
latus crassifolius*, il s'agit probablement d'un cas d'adaptation individuelle, plutôt que de récapitulation.

En somme, lorsque l'organogénie de la feuille récapitule
la phylogénie (*Eucalyptus, Achillaea, Ptarmica*), la récapitulation porte sur des caractères provenant d'ascendants
très peu éloignés; nous avons vu qu'il en est de même
pour l'ontogénie.

* *
*

Dans tous les autres cas que nous avons étudiés, l'organogénie de la feuille est directe : on n'observe pas la
formation (même incomplète ou transitoire) d'organes
ancestraux, devenus inutiles dans l'espèce considérée. De
même que pour l'ontogénie, la sélection naturelle a bientôt éliminé ce qui serait superflu et, partant nuisible.

Aussi, quand les espèces d'un même genre ont des
feuilles différemment formées (*Sambucus*), constate-t-on
que l'organogénie réflète nettement ces différences. De
même, lorsque dans une même espèce, les dents foliaires
ont une forme peu constante (*Spiraea ulmifolia, S. Douglasi*, etc.), l'organogénie de la feuille est tout aussi
variable. Dans les exemples de feuilles réduites que nous
avons étudiés (phyllodes d'*Acacia*, feuilles primaires de
Sagittaria, de *Lathyrus tenuifolius*, etc.), les feuilles ne
possèdent à aucun moment du développement les organes
qu'elles ont perdus.

Nous croyons avoir établi que l'organogénie de la feuille
se fait d'après les règles suivantes :

1° Les portions qui naissent les premières, fonctionnent

les premières : les organes de protection des jeunes
feuilles (poils, stipules, etc) naissent tôt et se développent
rapidement; ils tombent dès que leur fonction est accomplie.

2° Des portions qui fonctionnent en même temps,
celles qui naissent les premières deviennent les plus
grandes : le type de développement est acropète, basipète,
divergent, suivant que les lobes les plus grands de la
feuille seront à la base, au sommet, ou au milieu.

L'ordre de fonctionnement des diverses parties de la
feuille serait donc déterminé par leur ordre de formation;
la taille relative des portions qui fonctionnent en même
temps serait également déterminée par leur ordre de
formation.

Il est probable que primitivement toutes les feuilles se
ramifiaient suivant le type acropète; des variations indivi-
duelles dans le mode de développement ont amené des
feuilles à forme aberrante; lorsque cette particularité de
forme était avantageuse, le nouveau mode de développement avait grande chance d'être fixé. On peut donc dire
que, sous l'influence de la sélection naturelle et de l'hérédité : 1° *les organes qui doivent fonctionner les premiers,
naissent les premiers*; 2° *les organes qui doivent fonctionner
en même temps naissent par ordre de taille.*

Bibliographie.

1. F. O. Bower. *On the comparative Morphology of the Leaf in the
   Vascular Cryptogames and Gymnosperms.* Phil. Trans. 1884.
   Part II, p. 365.
2. A. W. Eichler. *Zur Entwickelungsgeschichte des Blattes.* Marburg.
   Elwert'sche Universitäts Buchhandlung, 1861.
3. — *Zur Entwickelungsgeschichte der Palmenblätter.* Abh. d. K.
   Preuss. Akad. d. Wissensch. zu Berlin, 1885.

4. K. Goebel. *Vergleichende Entwickelungsgeschichte der Pflanzenorgane.* Dans Schenk's Handbuch der Botanik. III. Bd, I. Hälfte. Breslau, E. Trewendt, 1884.

5. — *Pflanzenbiologische Schilderungen.* I. Th. Marburg, Elwert'sche Verlagsbuchhandlung, 1889.

6. M. Potter. *The Protection of Buds in the Tropics.* Journ. Linn. Soc. London. Vol. XXVIII, 31 Oct. 1891.

7. P. Groom. *On Bud-protection in Dicotyledons.* Trans. Linn. Soc. London. (Botany). Vol. III, Part 8, p. 255.

*8.** H. Schenck. *Beiträge zur Biologie und Anatomie des Lianen* II. Th. Anatomic. Dans Schimper's Botanische Mittheilungen aus den Tropen, 5. Heft. Jena, Fischer 1893.

9. E. Stahl. *Regenfall und Blattgestalt.* Ann. du Jard. Bot. de Buitenzorg, Vol. XI, 1893.

10. Trécul. *Mémoire sur la formation des feuilles.* Ann. Scienc. Natur. (3), t. XX, p. 235.

Sommaire :

TABLE ALPHABÉTIQUE DES GENRES CITÉS.

Les figures dans le texte sont indiquées par une astérisque(*).
Les figures des planches sont indiquées par le numéro de la planche.

EXPLICATION DES PLANCHES.

Les signes ont la même valeur dans toutes les figures, sauf dans 43 à 45.

A, B, C... = feuilles successives, lorsqu'elles sont alternes; ou paires
    successives de feuilles, lorsqu'elles sont opposées; ou ver-
    ticilles successifs.

  a, *b*, *c*... = lobes du premier degré.

  α, β, γ... = lobes du deuxième degré.

a.s., b.s., c.s., = stipules des feuilles successives.

A moins d'indications contraires, toutes les figures de points végétatifs
et de feuilles sont vues de profil.

Dans tous les dessins, les poils qui recouvrent les jeunes feuilles ont été
supprimés, pour ne pas compliquer les figures.

PLANCHE I.

1. Point végétatif de *Sherardia arvensis* vu par dessus. C, bourrelet
voisin du point végétatif, sans aucune différenciation. B, bourrelet plus
âgé avec des éminences correspondant aux feuilles et aux stipules. A, un
verticille de feuilles et de stipules (250/1).

2. Point végétatif de *Cicer arietinum*. La feuille C qui ne présente pas
encore de rudiments de folioles, possède déjà une stipule (c. s.) (137/1).

3. Point végétatif de *Vicia varia*. La feuille C qui ne présente pas
encore de rudiments de folioles possède déjà une stipule (c. s.) (137/1).

4. Point végétatif de plantule de *Lathyrus tenuifolius*. Il ne se forme
ni folioles ni stipules. Les feuilles C et D ont un bourgeon axillaire (58/1).

5. Point végétatif d'une plantule un peu plus âgée de *Lathyrus tenuifolius*. Les feuilles A et B montrent une paire d'éminences (folioles ou
vrilles) (58/1).

6. Point végétatif de *Lathyrus Aphaca*. Pas de rudiments de folioles.
Il y a un bourgeon à l'aisselle des feuilles A et B. (137/1).

7. Point végétatif de *Lathyrus Nissolia*. Les stipules, qui restent petites,
se forment tardivement. (196/1).

8. Point végétatif d'*Acacia celastrifolia*. (Le contour seul des stipules
antérieures est indiqué pour les feuilles A, B et C). Pas de rudiments de
folioles. (137/1).

9. Point végétatif de *Lathyrus hirsutus*. La foliole terminale (A) et la

stipule (a. s.) accidentellement déjetée vers le dehors), sont planes et minces; la foliole latérale (a) a les bords recourbés vers la face supérieure. La foliole latérale (b) de la feuille plus jeune, se forme partiellement sur l'hypopode (137/1).

10. Point végétatif de *Lathyrus tingitanus.* Les stipules se forment très tôt; puis elles restent stationnaires (b. s.); enfin, elles prennent un grand développement (a. s.). Les folioles latérales se forment partiellement sur l'hypopode (b) (74/1).

11. Point végétatif de *Phaseolus multiflorus.* (Les stipules postérieures ne sont pas figurées); le contour seul des stipules antérieures est indiqué.) A la base de la foliole latérale (a), se forme les stipelles. Les feuilles A à D portent un bourgeon axillaire. (74/1).

12. Point végétatif de *Swairnisonia coronillaefolia.* (Les stipules postérieures ne sont pas figurées; le contour seul des stipules antérieures est indiqué. Les folioles latérales se différencient très tardivement. (113/1).

13. Point végétatif de *Lathyrus pratensis.* Les feuilles A et B portent un bourgeon axillaire. (38/1).

14. Point végétatif d'*Hydrocotyle vulgaris.* Les stipules (a,s) de la feuille A, qui recouvrent tout le point végétatif sont vues en coupe optique; la ligne pointillée indique leur attache sur la tige. Les stipules de la feuille B commencent à se différencier sous forme d'un bourrelet annulaire. (38/1).

15. Point végétatif plus avancé d'*Hydrocotyle.* Les stipules des feuilles A et B sont vues en coupe optique. Leur attache sur la tige est indiquée par des lignes pointillées. La feuille B n'a encore aucune ramification de l'épipode. La ligne pointillée dans l'épipode de la feuille A indique la face supérieure concave du limbe. (38/1).

16. La feuille A de la figure précédente, privée de ses stipules, étalée et vue par sa face supérieure. (38/1).

17. Feuille plus avancée d'*Hydrocotyle*, privée de ses stipules, étalée et vue par la face supérieure. La forme peltée est devenue manifeste. Les nervures s'étalent au sommet des segments. On voit aussi les faisceaux dans le mésopode. (38/1).

PLANCHE II.

18. Point végétatif de plantule de *Tropaeolum majus.* La feuille A est celle qui suit immédiatement la première paire de feuilles opposées; elle n'a pas de traces de stipules. (38/1).

19. Point végétatif d'*Asparagus plumosus*. Les bourgeons axillaires des feuilles A et B présentent déjà des ramifications; celui de la feuille C est encore simple. (310/1).

20. Feuille (f) d'*Asparagus plumosus* avec un bourgeon axillaire plus développé, vus par dessus: 1 = axe du bourgeon; 2....6, 2' ... 6' = rameaux latéraux; les plus petits (6 et 6') sont à la base. (58/1).

21. Jeune feuille de *Calluna vulgaris* avec une paire de feuilles plus jeunes et le point végétatif. La feuille est vue par sa face inférieure. (74/1).

22. Point végétatif de *Rosa rugosa*. La feuille A porte 4 paires de folioles à formation basipète. Les rudiments de stipules se voient à peine (137/1).

23. Point végétatif d'*Aruncus sylvester*. La feuille A porte deux paires de ramifications acropètes et n'a pas encore de rudiments de stipules. (137/1).

24. Point végétatif de *Spiræa Douglassi*. La ramification des feuilles A et D est divergente; celle de la feuille C est basipète. (137/1).

25 et 26. Jeunes feuilles de *Spiraea chamaedryfolia* à deux états de développement. La ramification est divergente (137/1).

27 et 28. Jeunes feuilles de *Spiraea chamaedryfolia ulmifolia*. La ramification du premier et celle du deuxième degré sont acropètes (58/1).

29. Point végétatif de *Sorbaria sorbifolia*. (La stipule antérieure de la feuille A est enlevée). La ramification du premier degré est acropète. Les stipules se ramifient aussi; leur ramification est basipète. La feuille C a déjà des rudiments de stipules, mais pas encore de traces de folioles (74/1).

30. Segment du premier degré d'une feuille de *Sorbaria sorbifolia*. La ramification du deuxième degré est divergente (58/1).

31. Point végétatif de *Holodiscus discolor*. La ramification est acropète. La feuille est fortement plissée. (112/1.)

32. Point végétatif de *Filipendula hexapetala*. La ramification du premier degré est divergente. La feuille A a ses stipules la feuille B possède déjà la ramification de l'épipède, mais pas de traces de stipules. (112/1).

33. Portion inférieure d'une feuille de *Filipendula hexapetala*, vue par sa face supérieure. En dedans des rangées de segments du premier degré, il se forme deux nouvelles rangées. La ramification du deuxième degré est acropète. La ramification des stipules est basipète. (112/1).

34. Point végétatif de *Filipendula Ulmaria* vu par dessus. La feuille A n'a pas encore de stipules. (137/1).

35. Feuille de *Filipendula Ulmaria*, avec les stipules (st) formée. (137/1).

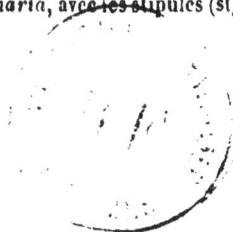

PLANCHE III.

36. Point végétatif de *Potentilla fruticosa*. La feuille **A** porte une paire de segments latéraux et deux stipules. (137/1).

37. Feuille de *Potentilla fruticosa*, plus avancée que la feuille A, de la figure précédente, vue par sa face supérieure. Elle a formé deux nouveaux segments en dedans des premiers. (137/1).

38. Feuille de *Spiraea bullata*, à ramification acropète. (74/1).

39. Segment de premier ordre d'*Agrimonia Eupatoria*. La ramification du deuxième degré est basipète. Une dent tardive naît entre la dent latérale supérieure et la dent terminale. (74/1).

40. Point végétatif d'*Achillaea Tourneforti*. La ramification du premier degré est divergente. (74/1).

41. Portion de la base d'une feuille d'*Achillaea Tourneforti*. La ramification du deuxième degré est divergente. (112/1).

42. Point végétatif de *Ptarmica alpina*. La ramification est divergente. La feuille B, plus longue que la feuille A de la figure 40 est moins avancée en ramification. (74/1).

43. Point végétatif de *Cunonia capensis* traité par l'éther après l'ablation de la stipule antérieure. Les jeunes feuilles (B) ainsi que la partie avoisinante de leurs stipules (A) sont couvertes de glandes. Au centre se trouvent deux jeunes stipules (C). (2/1).

44. Point végétatif de *Cunonia capensis* avec des feuilles plus jeunes que les feuilles B de la figure 43; elles n'ont encore qu'une paire de segments latéraux; leurs stipules ont été enlevées. Les stipules C ne recouvrent pas encore leurs feuilles D (74/1).

45. Point végétatif de *Cunonia capensis* avec des feuilles encore plus jeunes que celles (B) de la figure 44. Les stipules C sont rudimentaires. Il n'y a pas encore de trace des phyllopodes dont dépendent les stipules C. Les stipules de la feuille B ont été enlevées; la ligne pointillée indique leur attache (74|1).

46 et 47. Feuilles de *Hottonia palustris* à deux stades de développement. La ramification est basipète. Les segments les plus âgés portent des cellules terminales à contenu brun. Les faisceaux sont basipètes. (74/1).

48. Feuille de *Sambucus Ebulus*, vue de dessus. La ramification est acropète. (87 1).

49. Point végétatif de *Sambucus nigra*, la ramification est basipète. 74/1.

50. Feuilles de *Sambucus nigra laciniata*. La ramification du premier

degré est basipète. La ramification du deuxième degré (sur le segment terminal) est acropète. (58/1).

51. Extrémité d'un rameau à feuilles alternes et falciformes d'*Eucalyptus Globulus*. Les feuilles les plus jeunes sont opposées. Les feuilles d'une même paire sont indiquées par la même lettre. L'une des feuilles B porte un bourgeon axillaire à feuilles encore opposées. Les bourgeons axillaires des feuilles A sont coupés. (4/1).

52. Point végétatif d'un rameau à feuilles alternes et falciformes d'*Eucalyptus Globulus*. Les feuilles sont placées sensiblement au même niveau; leur pétiole s'allonge hâtivement et est ailé sur le dos. Cette aile se voit de face sur l'une des feuilles B. (74/1).

53. Point végétatif d'un rameau à feuilles opposées d'*Eucalyptus Globulus* (74/1).

54 Point végétatif de *Potamogeton densus*. Les feuilles sont alternes. (150/1).

55. Point végétatif d'*Ammophila arenaria*. La feuille A est étalée; le point végétatif et les feuilles C, D, E sont vus par transparence ou travers de la feuille B. Celle-ci présente déjà les rudiments des plis longitudinaux de la face supérieure. (58/1).

56. Point végétatif d'*Araucaria excelsa*. (112/1).

PLANCHE IV.

57. Point végétatif d'*Utricularia vulgaris*. Les feuilles A à D se ramifient par dichotomie. (250/1).

58. Portion de feuille d'*Utricularia vulgaris* (vue de face) avec une jeune utricule. La ramification des segments est basipète. (74/1).

59 et 60. Jeunes feuilles de *Ranunculus aquatilis*. Les segments latéraux (nés par ramification latérale) se ramifient par dichotomie.

La feuille la plus âgée (60) a les rudiments de stipules (St). (250/1).

61. Point végétatif de *Ceratophyllum demersum*. Les feuilles les plus jeunes (verticilles G, F, E) ne sont pas divisées. Les feuilles des verticilles D et C présentent la première dichotomie. Les feuilles plus âgées (B et A) sont deux fois dichotomisées. A droite et en bas, un bourgeon. (170/1).

62. Jeune feuille de *Ceratophyllum demersum* vue par dessus. Chacun des quatre segments est terminé par un groupe de cellules à contenu huileux et tannifère. Les cellules distales sont déjà vidées. (74/1).

63. Coupe longitudinale d'un point végétatif de *Sempervivum arachnoideum*. Les feuilles A, B et C ont les cellules mucilagineuses différenciées. (58/1).

64 à 67. Coupes transversales de la tige d'une plantule de *Sicyos angulatus.* — 64, 2ᵉ entrenœud. — 65, 3ᵉ entrenœud. — 66, 4ᵉ entrenœud. — 67, 5ᵉ entrenœud ; ce dernier est très jeune. (18/1).

68 à 73. Rameaux de *Phyllocactus crenatus.* Les figures 68 et 70 donnent des coupes transversales des rameaux à diverses hauteurs. (1/2).

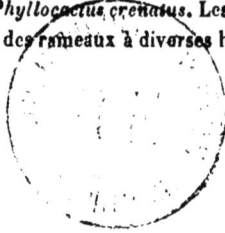

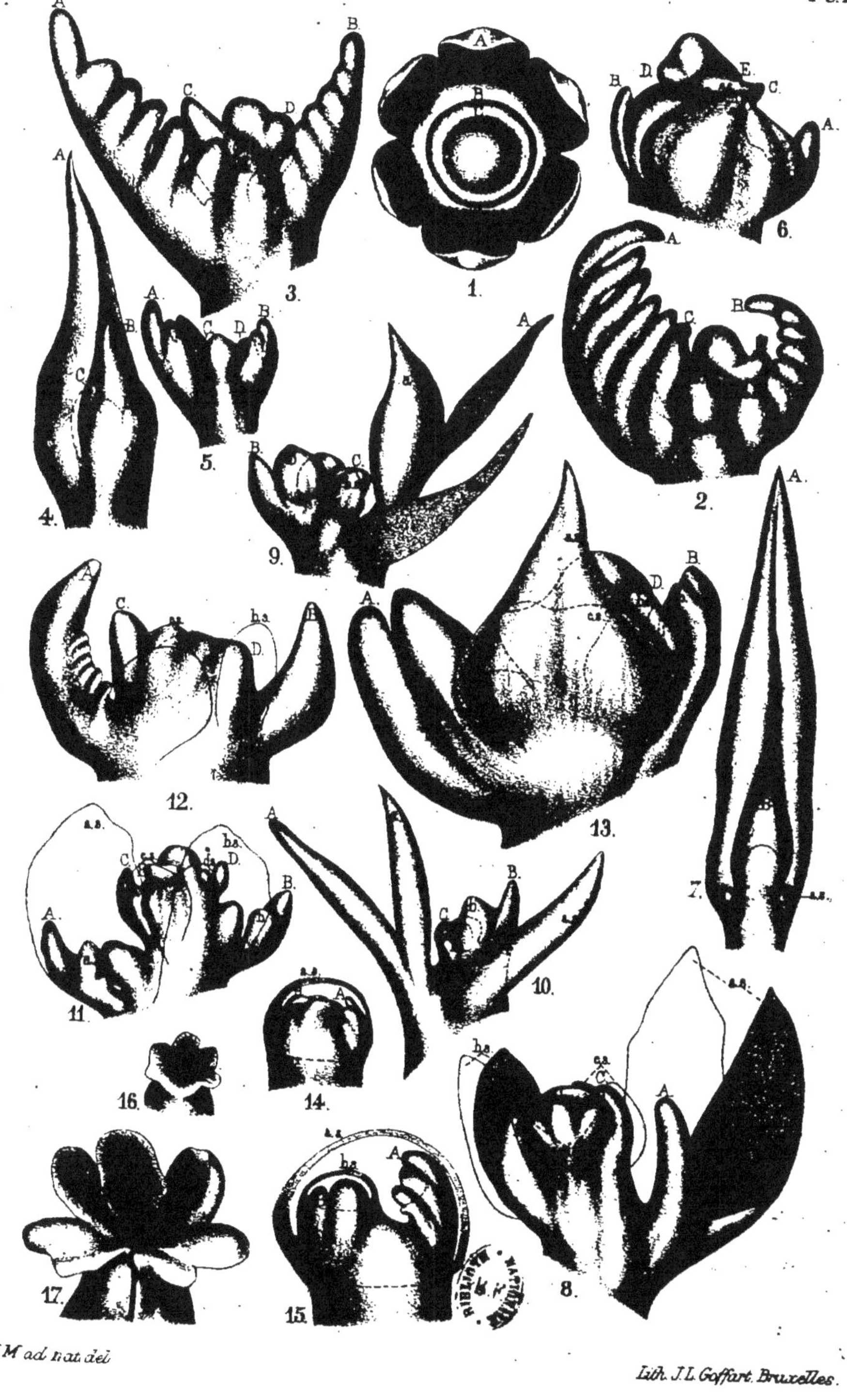

J. M. ad nat. del.

Lith. J. L. Goffart. Bruxelles.

Pl. II.

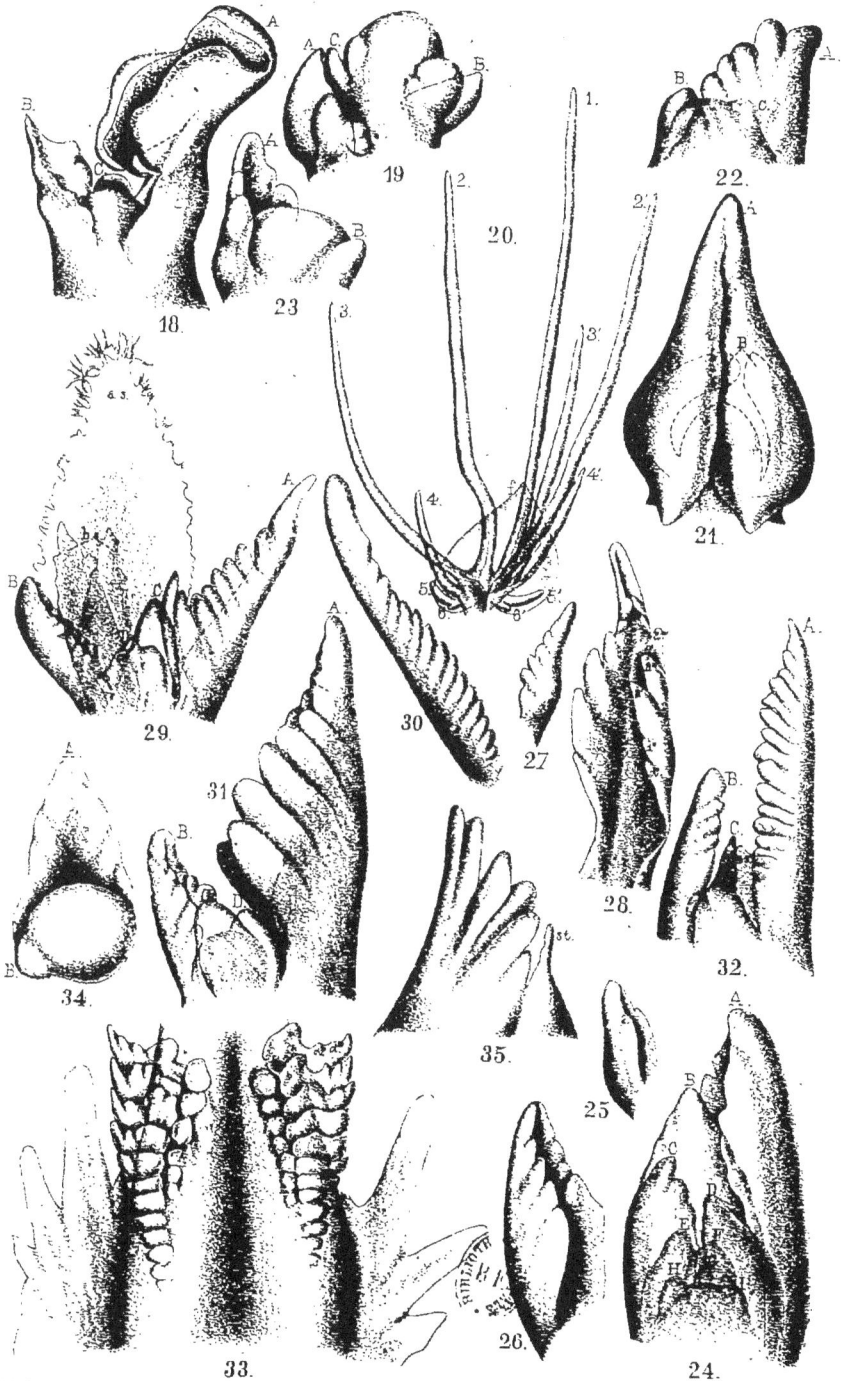

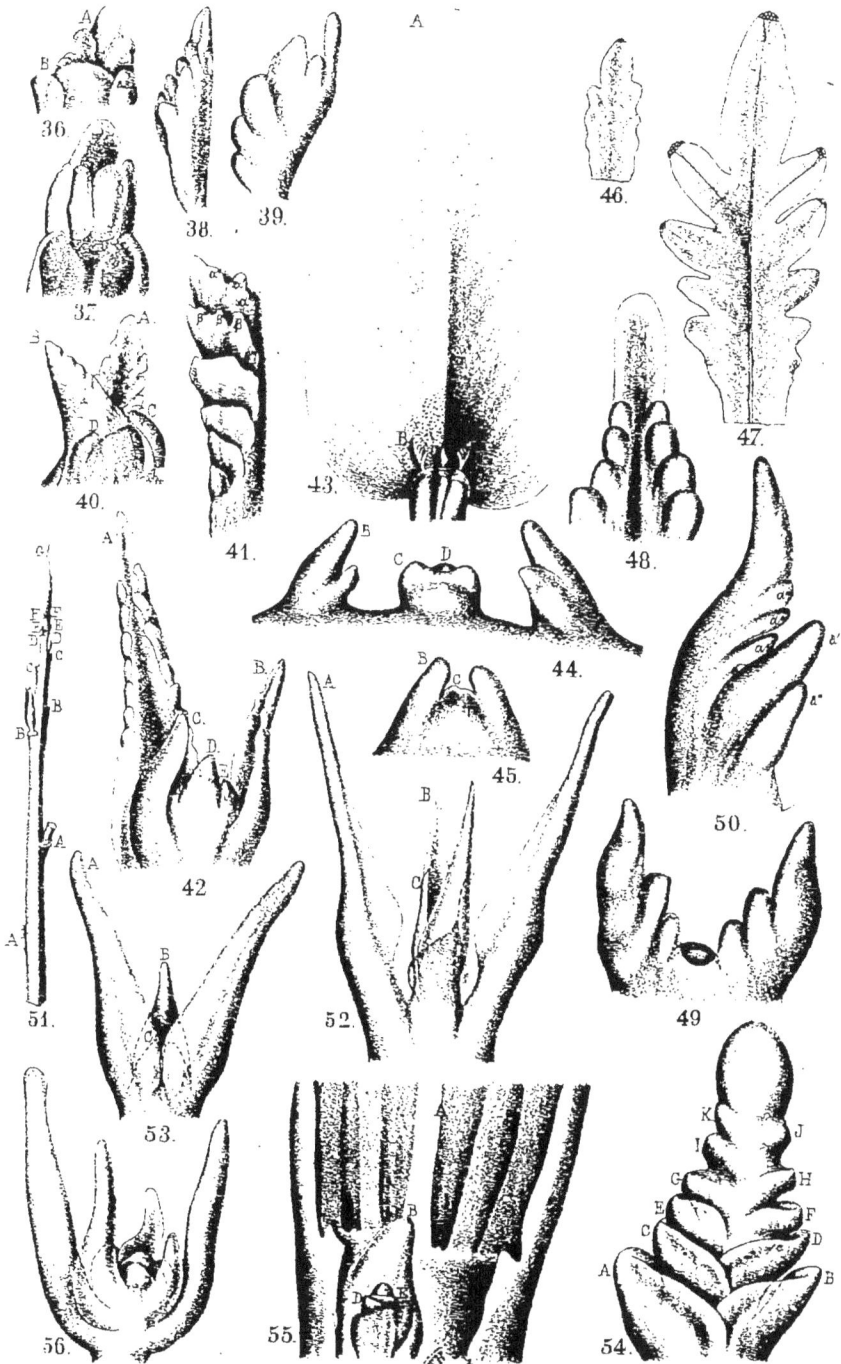

J. M. ad nat. del.   Lith. J. L. Goffart. Bruxelles.

Bull. de la Soc. roy. bot. Belg. T. XXXIII.

Pl. IV.

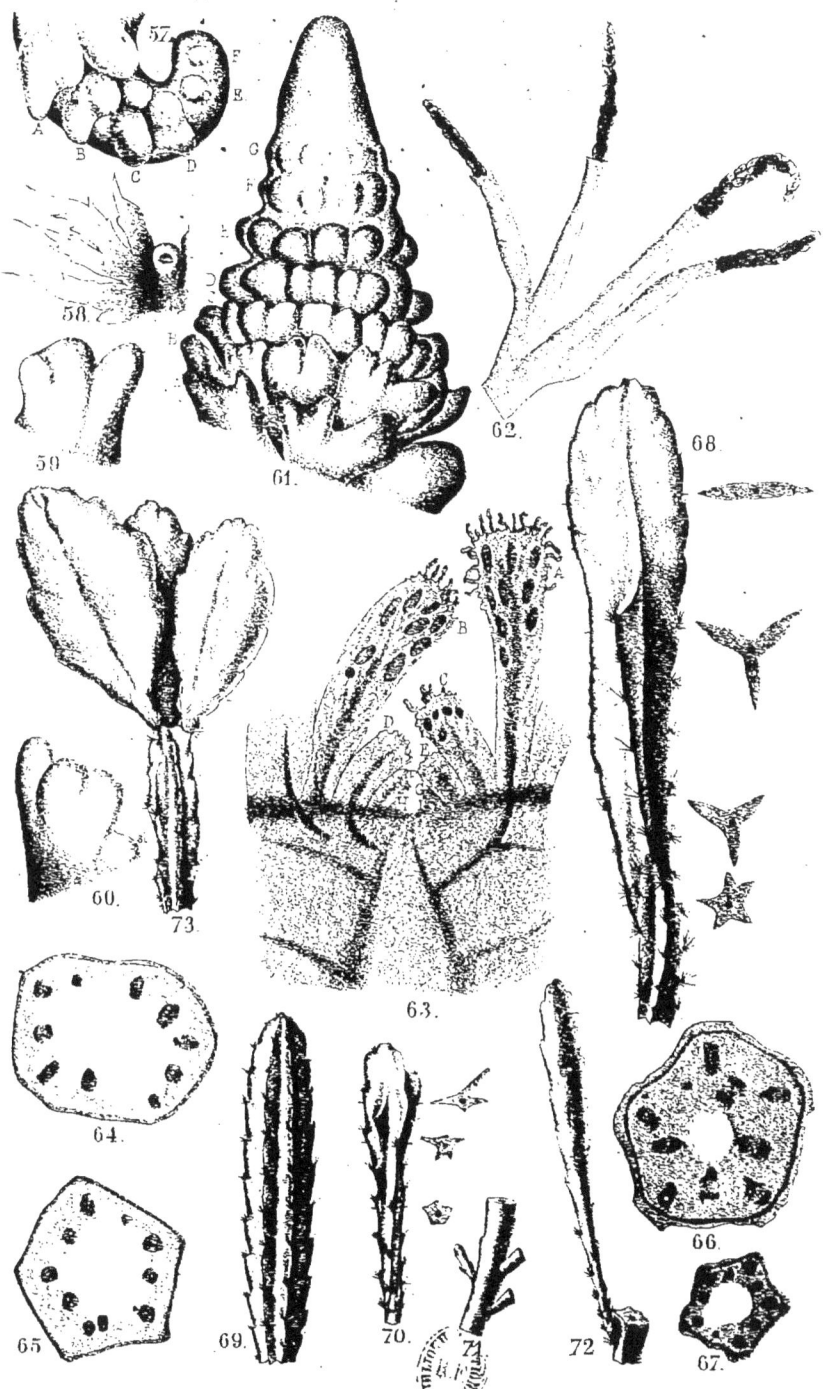

www.ingramcontent.com/pod-product-compliance
Lightning Source LLC
Chambersburg PA
CBHW071512200326

41519CB00019B/5909